儿童Office+Photoshop第一课

一 ⊡ ✕

Word 篇

王晓芬 李矛 高博 编著　　　　草涂社 绘

电子工业出版社·

Publishing House of Electronics Industry

北京·BEIJING

U0281312

内容提要

　　基于 Windows 操作系统的 Office 文字处理软件 Word 是常用的办公软件之一。本书联系少儿的日常学习生活设计了 5 个使用 Word 完成的任务，分别是：给好朋友写一封信，制作一份漂亮的简历，把写过的作文整理成文集，制作一张晚会志愿者招募海报，制作一本科学观察日记。本书使用了 Word 中大部分基础功能，内容丰富，每个任务都有情景设置、详细的图文操作步骤、知识拓展和亲子练习，还设计了生活化的问题引发少儿的思考，旨在激发少儿的学习兴趣，助力少儿思想品德的发展。

　　本书适合想培养孩子学习办公软件的家长与孩子共读，也适合少儿计算机课程相关的教师、学生参考。

Office 办公软件是一款应用非常广泛的计算机软件，常用组件有 Word、Excel、PowerPoint（PPT）等。Word 一般用于编辑文字，界面简洁干净，有非常多实用且强大的功能，操作人性化，所以使用的人群非常广。大部分孩子在未来的工作学习中都会接触到，甚至需要专业地去学习。

Word 的基础功能是非常简单的，但是如果只是机械地去学习，过程将非常枯燥，所以本书有针对性地设计了 5 个有趣的任务，其中用到了 Word 大部分的功能，适合少儿跟着书上的步骤边学习边操作。很多功能其实只要多使用就能掌握了，所以在任务中学习，不但能让孩子有目标地多次使用某个功能，还能让孩子学会如何让功能之间相互配合起来，最后创作出一个完整的作品，获得成就感的同时也鼓励了孩子学习的信心。

在 Word 中，虽然每个功能的效果是确定的，但是它有多种多样的用法，所以在每个任务完成之后，本书还会介绍一些拓展知识，启发读者自主尝试使用，起到举一反三的效果。更进一步，本书在亲子练习模块中设计了练习题目，孩子可以在家长的陪同下模仿任务的实现过程，另外制作出一个作品，起到加深巩固的效果。

书中有两个好朋友将陪伴大家的整个学习过程，一个叫玥玥，是一个可爱的小学生，另一个叫小咪老师，是一只精通 Office 办公软件的猫咪。每次玥玥遇到一些事情，需要使用 Word 制作一些东西的时候，她就会去找小咪老师请教制作的方法，大家就能和玥玥一起跟着小咪老师学习了。在制作的过程中，玥玥遇到不懂的问题就会问小咪老师，小咪老师会耐心地解答她的问题，有时候他们也会讨论一些问题，例如有哪些公益活动、劳动节的由来等，非常欢迎读者小朋友和他们一起讨论。让我们一起快乐地开启 Word 的学习之旅吧！

目录
Contents

任务一

给好朋友写一封信

第 1 步 / 做好准备 · 8

第 2 步 / 启动 Word 并新建一个空白文档 · 9

第 3 步 / 输入文字 · 11

第 4 步 / 调整文字使其符合书信格式 · 12

第 5 步 / 美化文字 · 15

第 6 步 / 保存 · 17

知识拓展 · 19

亲子练习 · 22

任务二

制作一份漂亮的简历

第 1 步 / 了解简历 · 24

第 2 步 / 做好准备 · 30

第 3 步 / 基于模板创建文档 · 32

第 4 步 / 插入和调整表格 · 34

第 5 步 / 插入文字 · 36

第 6 步 / 插入图片 · 39

第 7 步 / 整体美化简历 · 44

知识拓展 · 48

亲子练习 · 49

任务 · 三 ·

文集 把写过的作文整理成

第 1 步 / 做好准备 · 51

第 2 步 / 把写过的作文输入 Word 中 · 52

第 3 步 / 调整格式 · 52

第 4 步 / 提取目录 · 61

第 5 步 / 制作封面 · 62

第 6 步 / 添加页眉和页脚 · 70

知识拓展 · 76

亲子练习 · 78

任务 · 四 ·

海报 制作一张晚会志愿者招募

第 1 步 / 做好准备 · 80

第 2 步 / 新建 Word 文档，调整页边距和缩放 · 81

第 3 步 / 添加底图和艺术字，并调整其位置大小 · 83

第 4 步 / 使用 SmartArt 图形制作招募事项 · 86

第 5 步 / 插入文本框，输入联系方式 · 90

第 6 步 / 对海报进行进一步的排版设计 · 93

第 7 步 / 添加自定义形状，完成海报并导出 · 98

知识拓展 · 103

亲子练习 · 104

任务
·五·

制作一本科学观察日记

第 1 步 / 做好准备 · 106

第 2 步 / 新建 Word 文档，并开启导航窗格 · 107

第 3 步 / 写科学观察日记，并设置样式 · 107

第 4 步 / 检查日记字数够不够 · 112

第 5 步 / 将日记给家长批阅，家长提出修改意见 · 114

第 6 步 / 根据批注对日记进行修改 · 115

第 7 步 / 将日记文档导出为 PDF 格式 · 116

知识拓展 · 118

亲子练习 · 119

给好朋友写一封信

小咪老师，我的好朋友小林转学了，我今天收到了她的一封信。

那真是太棒了！

我也想给她写一封信，小咪老师知道怎么写吗？

当然知道啦！我来教你！

给好朋友写一封信
- 做好准备
- 启动Word并新建一个空白文档
- 输入文字
- 调整文字使其符合书信格式
- 美化文字
- 保存

做好准备

在写信之前我们需要明确应该如何去写一封书信。实际上书信有一个标准的格式，它需要具备下面这5个部分。

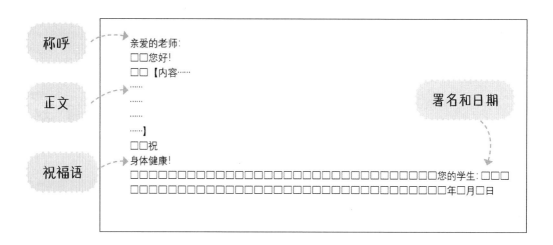

● 称呼：称呼要顶格写，后面加上冒号。称呼要根据自己和收信人的关系来定，一般当面怎么称呼，信上就怎么称呼，一般会在前面加上"敬爱的""亲爱的"，如"亲爱的爸爸妈妈""敬爱的老师"。

● 正文：段首空两格，先写问候语，一般是"您好！"，然后另起一段，继续写正文。如果是回复别人的信，可以写某月某日的来信已收到。

● 祝福语：写在书信的末尾，分两行，第一行空两格，第二行开始顶格写。祝福语的内容根据收信人的不同会有一些不同，如：给长辈，可以写"敬祝身体健康"；给平辈，可以写"祝你学业顺利"；给晚辈，可以写"祝你进步"

● 署名和日期：在祝福语的下一行，靠右写，署名下方写日期。署名可以带姓（单位或者组织的人），可以不带姓（熟悉的人）。可以在名字前加称谓，如：弟、儿、侄。

是不是只有人和人之间才会写信?

不是的，其实书信可能就在我们身边，只是有时候被我们忽略了，如学校发出的《致家长的一封信》；社区发出的《致社区居民的一封信》。除此之外，有些人会给帮助自己的人写感谢信等。可以找一找身边的书信，看看他们都是怎么写的。

第2步

启动 Word 并新建一个空白文档

首先需要在计算机上启动 Word。

2. 单击 "Word"

1. 单击 "开始" 按钮

启动 Word 后，新建空白文档。

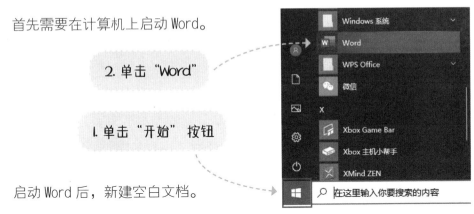

3. 单击 "空白文档"

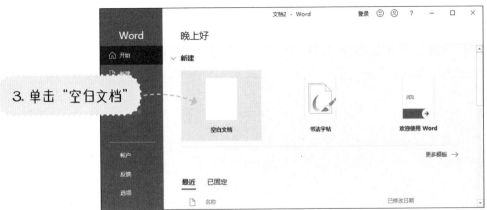

可以看到 Word 的工作界面。

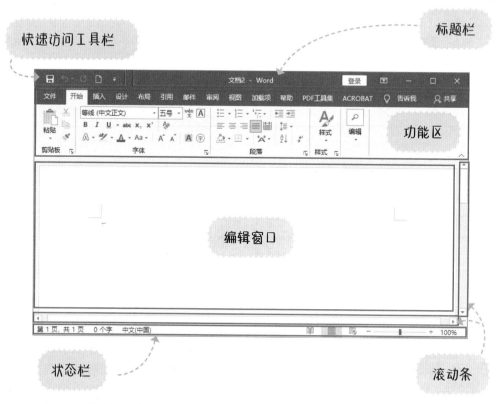

下面对工作界面进行一些简单的介绍。

● 快速访问工具栏：用于添加常用命令，包括保存、撤销、恢复和新建空白文档。单击快速访问工具栏右侧的下拉三角按钮■可以展开下拉菜单，在其中可以添加其他常用命令。

● 标题栏：显示当前文档名和软件名，如：文档 2-Word，表示当前文档的名称是"文档 2"，当前正在使用的软件是 Word。

● 功能区：通过选项卡来对命令进行分组显示，我们在使用 Word 的过程中，常用的功能都包含在这里面。

● 编辑窗口：显示正在编辑的文档内容。

● 滚动条：用于显示正在编辑的文档位置。

● 状态栏：显示正在编辑的文档信息，切换文档视图按钮，显示比例和缩放滑块。

输入文字

创建新的空白文档后，在光标处通过键盘输入文字。

编辑窗口

光标

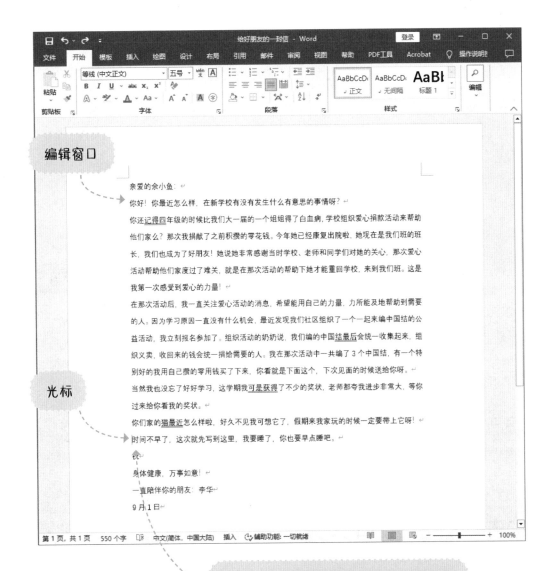

按【Backspace】键删除光标前的字，
按【Delete】键删除光标后面的字

玥玥知道为什么要参加爱心活动吗？

我知道！爱心活动是为了帮助有困难的人，我们要乐于助人！

玥玥真棒！除了爱心捐款活动，还有其他公益活动。小朋友，你知道还有哪些公益活动吗？

第4步

调整文字使其符合书信格式

在输入完所有文字后开始调整书信的格式。首先调整正文的格式。

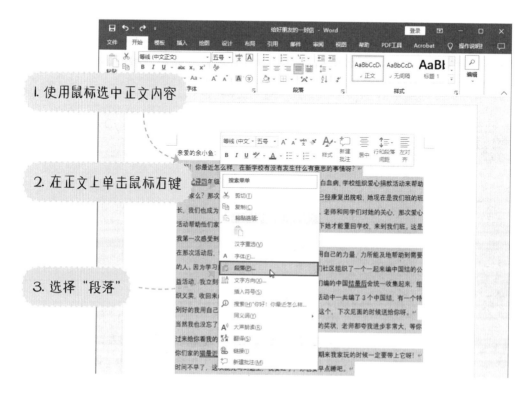

1. 使用鼠标选中正文内容

2. 在正文上单击鼠标右键

3. 选择"段落"

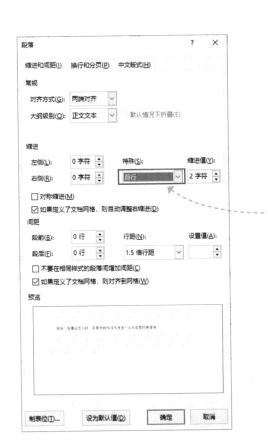

设置书信正文段落首行缩进2个字符。

单击，在下拉列表中选择"首行"

可以看到正文部分的文字都缩进了两个字符。这个方法在处理特别长的文字时非常方便。

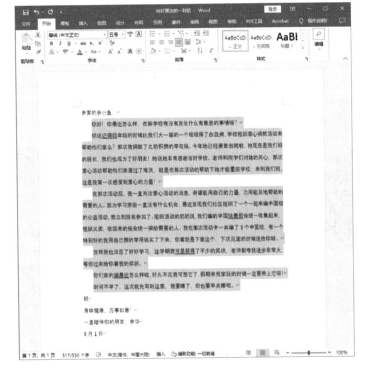

然后调整祝福语、署名和日期的格式。

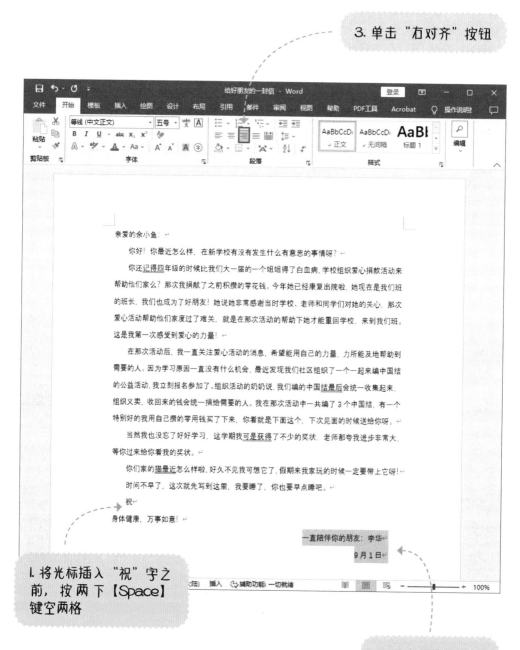

3. 单击"右对齐"按钮

1. 将光标插入"祝"字之前，按两下【Space】键空两格

2. 选中署名和日期

第5步

美化文字

经过上一节的整体调整后，可以看到文本内容已经符合书信的格式，接下来调整书信文字格式。首先选中文档中的所有文字。

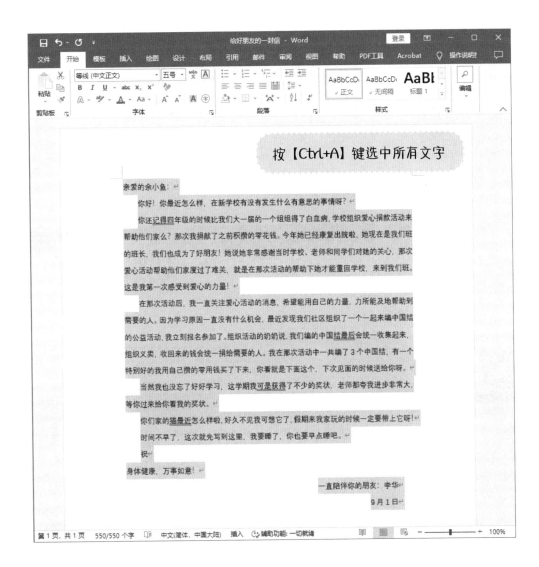

然后设置字体为宋体。

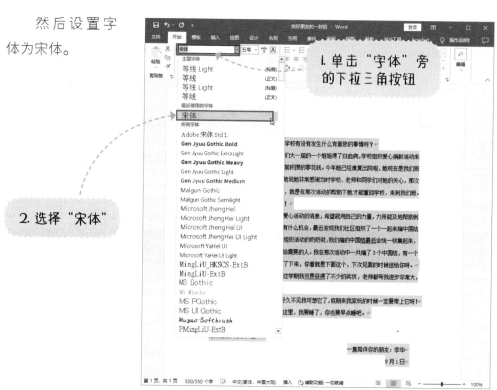

设置字号为小四。

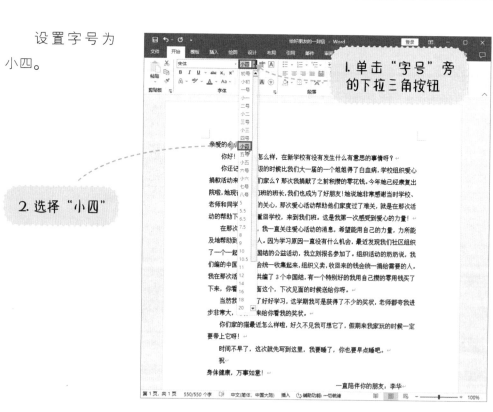

这样我们的书信就排版完了，整体效果如下。

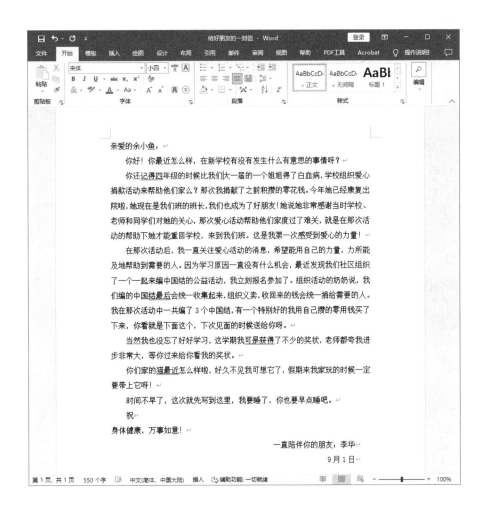

保存

截至上一步，书信就已经写完、排版完了。此时就需要将文档保存，如果忘记保存的话，辛辛苦苦写的信就可能找不到了。所以在使用 Word 的时候记得随时保存哦。

设置文档保存的位置、文件名和类型。

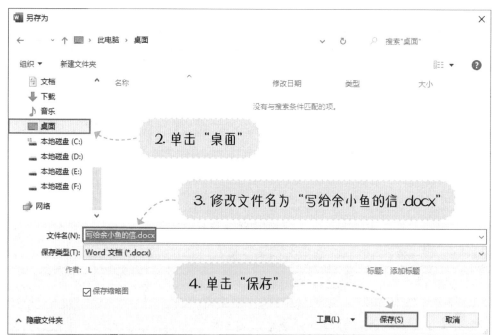

至此，书信已经制作完成啦。如果觉得邮寄出去费时间的话，我们就可以直接通过 QQ 邮箱、123 邮箱等电子邮箱发送给小伙伴。

/// 知识拓展 ///

小咪老师，这次任务我们用到的功能还有别的用法吗？

当然有啦，我们可以整理一个知识拓展笔记。

文字输入

文字输入是使用 Word 时最常用的功能，因为 Word 是文字处理软件，在制作书信、简历、海报，甚至写论文、写作业时都会用到它，而且使用 Word 处理的文字可能越来越多，所以熟练使用文字输入的各种功能对于提高文字文档处理效率非常有用。

段落设置

段落设置是基于已有文档中的文字内容对内容段落格式进行设置的功能。段落设置功能可以高效设置文字的段落格式。不同的文字内容会对段落格式有不同的要求。

文字设置

文字设置是 Word 非常重要的功能，根据内容，不同的文字需要设置为不用的字体、字号。除此之外，Word 还支持修改文字颜色，为文字添加各种效果，如加粗、倾斜、下画线、删除线、设置背景色等。

原始文字 修改颜色 **加粗** *倾斜* 下画线 ~~删除线~~ 背景色↵

保存

保存功能虽然简单，但是它非常重要，一旦不小心忘记保存文档，那么之前在文档中输入的内容可能就都消失了，所做的努力就白费了。所以要时刻谨记按【Ctrl+S】键保存一下文档。

寄信

大部分情况下，书信是需要寄出去的，那么就需要有信封，信封的书写有什么要求呢？信封的内容可以分为以下 5 个部分。

							贴邮 票处

收信人邮编

_____
收信人地址
_____
收信人姓名
_____
寄信人地址，姓名
_____

寄信人邮编

邮政编码：

 小咪老师，写地址时可以使用铅笔吗？

不可以，铅笔容易在寄信的过程中变得模糊不清，也不要使用红色的笔，会很不礼貌。

● 邮政编码：信封左上角的 6 个方格中写收信人的邮政编码。邮政编码是代替投递邮局的一种专用代号，目的是提高邮件在传递过程中的速度和准确性。

● 收信人地址：写在信封的第一行。地址要详细，按照省、市、县、区、街道和门牌号码的顺序写。如果是农村就要写到村名。

● 收信人姓名：可以根据收信人的身份写上"×××同志收"或"×××先生（女士）收"。避免写称谓，如"妈妈收"。

● 寄信人的地址、姓名和邮政编码：寄信人的地址、姓名写在信封的第三行；邮政编码写在信封的右下角，如果在寄信过程中出现意外情况而不能投递给收信人，邮局可以凭借这些信息快速将信寄还给寄信人。

● 邮票：贴在信封右上角，邮票是由国家发行的供寄递邮件贴用的邮资凭证。

 玥玥，你学会怎么用Word写信了吗？

 学会啦，谢谢小咪老师！

 和爸爸妈妈一起，再写一封信吧。

好的，小咪老师！

　　按照标准的书信格式写一封信，收件人可以是你想要的任何一个人，可以是老师、父母、朋友，甚至未来的自己……

成果评判

能输入文字内容——需要加油啦
能按照书信格式调整内容——还不错
能根据自己的需求美化内容（字体、字号等）——就差一点点
保存了文档——非常棒

制作一份漂亮的简历

 小咪老师，我姐姐要上初中啦，她居然自己做了一份简历。

 很棒呀，那玥玥想不想学怎样制作一份漂亮的简历。

 想呀！小咪老师知道怎么做吗？

 当然知道啦！我来教你！

了解简历

做好准备

基于模板创建文档

制作一份漂亮的
个人简历

插入和调整表格

插入文字

插入图片

整体美化简历

了解简历

在做简历之前需要先想明白，我要做一个什么样的简历，包括它的整体风格、内容。但你可能会陷入迷茫：我也没做过，我怎么知道呢？因此就需要先寻找参考，看看别人做出来的简历是什么样的。就像我们遇到不会的题目时会去看练习册最后的参考答案，看明白了自然也就能把题目做出来了。

那么我们可以从哪里找到参考呢，很简单，通过浏览器在互联网上搜索，我们就可以找到大量简历案例或者模板，除此之外在 Word 中也是有很多简历模板供我们使用、参考的。下面详细展示找参考的两种方法。

（1）在互联网上找参考

启动 IE 浏览器进入百度官网。

在百度上搜索"小升初简历"。

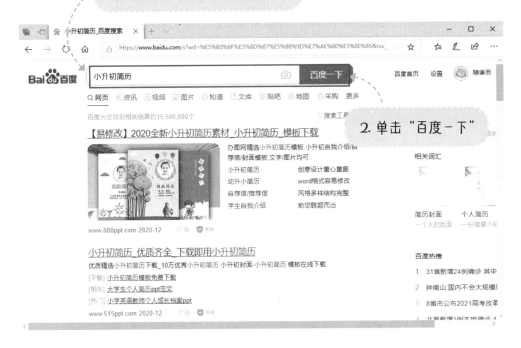

这里推荐选择一些带有"模板下载"的搜索结果，例如打开其中一个搜索结果，可以看到网站里都是已经做好的简历模板。

我们选择其中一个打开，查看简历的详细内容有哪些。

类似地，我们可以在网上找到很多专门提供模板的网站，在其中找到小升初简历模板，可以选择自己喜欢的简历模板收藏或下载，方便后面参考或使用。

（2）在 Word 中找参考

Word 中有很多自带的简历模板也可供我们参考，首先启动 Word。

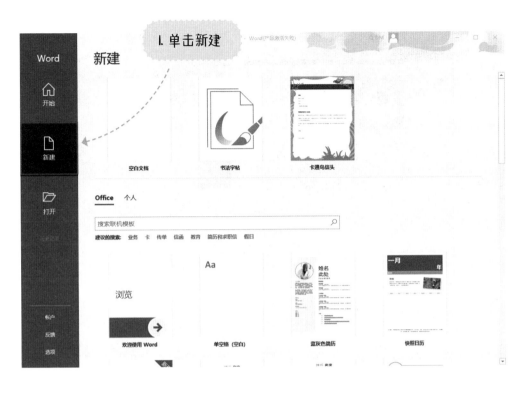

1. 单击新建

2. 搜索"简历和求职信"

3. 单击缩略图查看详细效果

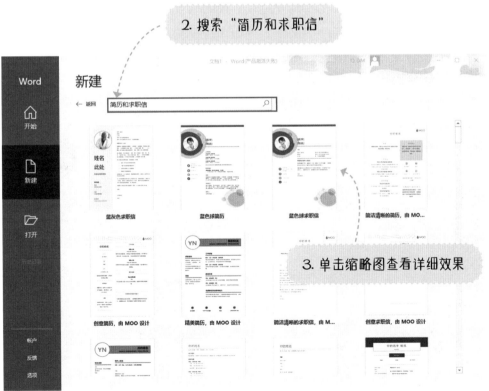

　　相比于通过互联网查找的简历模板，Word 中自带的模板类型比较少，而且更加适合成年人，但是使用 Word 自带模板的好处就是更加方便，你可以直接基于模板创建新的文档。

　　通过上面两种方法，相信你已经找到很多喜欢的风格的简历模板了，我们可以选择其中几个简历模板下载到本地作为后续制作简历时的素材。这里也展示一些从网上和 Word 中找到的简历模板供接下来分析使用，前面两个来源于互联网，后面两个来源于 Word。

从找到的参考模板中我们可以明显看出来，前面两个更适合小学生，风格比较可爱，而后面两个更加适合成年人，属于商务风简历。虽然简历的风格完全不同，但是通过对比我们可以看到它们的内容其实有很多共同点，都包括：姓名、基本信息和本人照片。那么我们可以判定，这些信息在简历中是通用的、必不可少的，我们在做的简历时也需要有这些信息。

接下来是一些更加具体的信息，在前面两个更加适合小学生的简历中我们可以看到都写了获奖情况和家庭情况，除此之外分别还有教育背景、学习情况、兴趣特长、家长背景、自我评价等，这些我们可以定为不是必须都放到简历里的内容，可以根据个人的实际情况以及申请学校的要求作为备选。

从上面的内容中我们可以得知简历里必须有的内容如下。

● 姓名：让老师知道你是谁。

● 基本信息：包括性别、出生日期、民族、就读学校、家庭住址等，让老师了解你的基本情况。

● 本人照片：能在见面前知道你长什么样。

● 获奖：了解你的亮点，给老师留下深刻印象。

● 家庭情况：让老师知道你的家庭情况，能联系到你的父母。

风格是非常个性化的，每个人的喜好不同，做出的简历哪怕内容一样整体的效果给人的感觉也是不同的。就像让不同的人从上面这4个简历中选择一个最喜欢的简历一样，每个人都有自己选择。简历风格没有好坏之分，但是有一

点是很确定的，我们制作的简历越具有个人特点，越容易给老师留下深刻印象，所以要积极展现个人特点。

从上面找到的参考中可以看到，简历整体根据内容划分为不同的模块，我们可以一目了然地找到想要看的信息。这个效果可以通过表格来实现，以第一个简历为例，在上面添加上线后是不是更明显了。

表格式简历的优点就是清晰、直观，同时制作起来比较简单，所以这里我们选择制作一个表格式简历。

做好准备

在明确我们想要做一个什么样的简历后就可以开始着手准备了，要准备的包括简历模板和简历内容。

模板就是橡皮泥中自带的模型一样，灵活利用模板可以让我们事半功倍，快速制作出个人简历。此时，在前期寻找参考时收藏或下载的模板就用上了。这里使用的是Word自带的"卡通鸟信头"模板。

"卡通鸟信头"模板 - - - - ▶

确定简历风格后，我们可以在 Word 中准备好简历的文字内容。

玥玥知道如何被评为优秀班干部吗？

我知道！优秀班干部一定要有责任感，积极主动地去做好班干部要做的每一件事情。

玥玥真棒！小朋友，你知道成为优秀班干部还需要哪些品质吗？

　　我们准备放到简历中的照片只需要放到计算机本地，在制作简历的过程中可以直接导入 Word 中进行调整。简历上照片的要求如下。

● 正式：需要展示出个人面部、精神状态，建议去专业照相馆拍摄。虽然个性写真更有特色，但是毕竟是申请学校的资料，最好放一张比较正式的照片。

● 与本人形象一致：最好使用 1 ~ 6 月内的近期照片。

● 清晰：照片质量要高，不清晰的照片会让人认为态度有问题。

基于模板创建文档

启动 Word，基于模板创建一个新文档。

1. 选择"新建"

2. 搜索"卡通鸟信头"，按【Enter】键

3. 单击模板缩略图

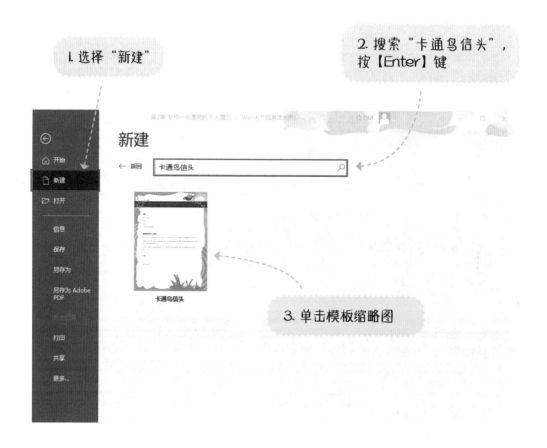

4. 单击"创建"

创建完成后可以看到模板的整体效果。

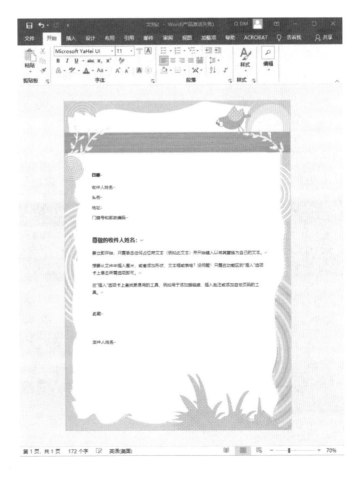

很明显，模板中的文字内容与我们想要做的表格式简历内容不符，所以需要先将文字内容删除，保留模板背景。

I. 按【Ctrl+A】键全选所有文字

2. 按【Delete】键删除内容，得到干净模板

插入和调整表格

按照简历内容，我们开始插入表格。

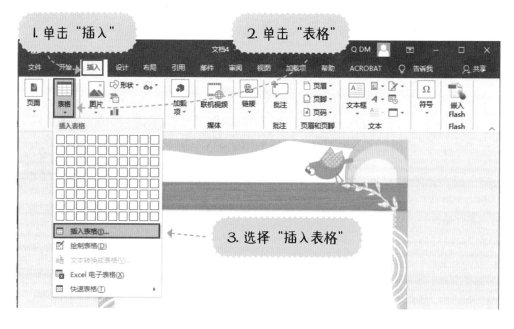

I. 单击"插入"

2. 单击"表格"

3. 选择"插入表格"

在弹出的"插入表格"对话框中设置表格尺寸。

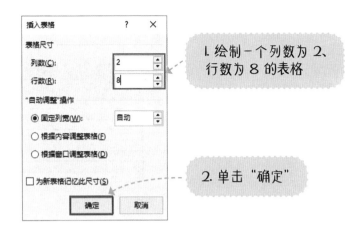

1. 绘制一个列数为 2、行数为 8 的表格

2. 单击"确定"

创建好的表格效果如右图所示。接下来对表格进行调整。

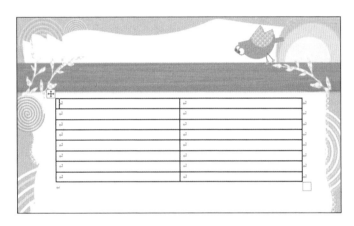

1. 选择第 2 列的第 1~2 行单元格

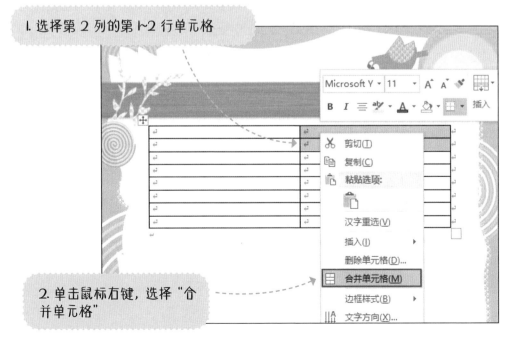

2. 单击鼠标右键，选择"合并单元格"

同理将第 3~8 行
单元格合并。

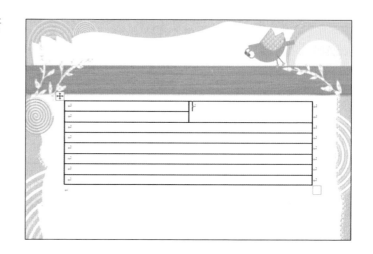

插入文字

调整好表格后我们就可以将准备好的文字粘贴到表格中了，使用"只保留文本"粘贴到表格中可以避免格式干扰。

例如：选中"基本信息"，按【Ctrl+C】键复制，将光标插入表格第 1 行。第 1 列，单击鼠标右键，在"粘贴选项"下选择"只保留文本"选项。

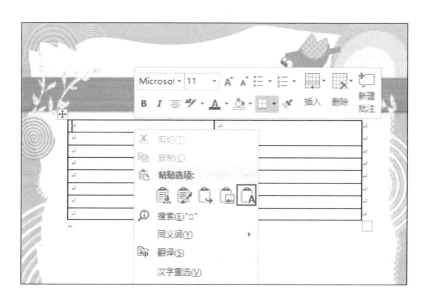

小咪老师，为什么会有这么多粘贴选项？它们都是什么意思呀？

因为不同情况下需要的粘贴方式可能不同，每个选项的意思可以看下面这个表。

选项	说明
	保留原格式，将复制内容的格式一起粘贴过来
	合并格式，粘贴的内容会应用当前文档的文本样式
	图片，将粘贴的内容转换为图片
	只保留文本，仅将文本粘贴过来

粘贴完成后的效果如下。

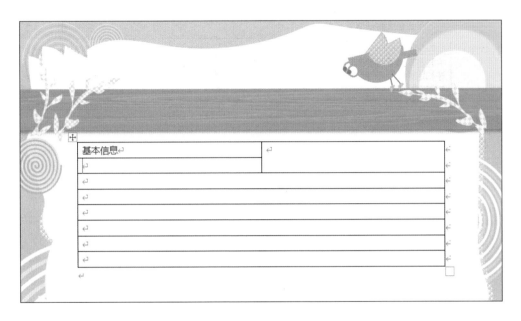

随后，我们将其他信息按同样的方法粘贴到表格中。

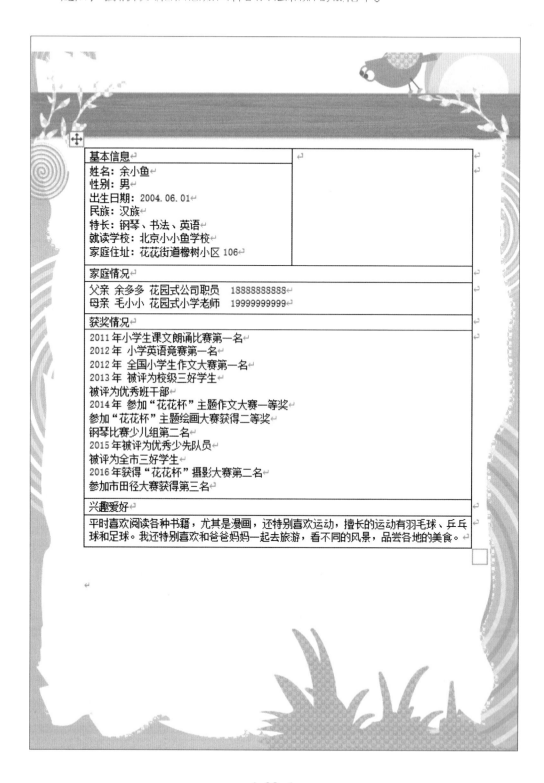

基本信息

姓名：余小鱼
性别：男
出生日期：2004.06.01
民族：汉族
特长：钢琴、书法、英语
就读学校：北京小小鱼学校
家庭住址：花花街道橡树小区 106

家庭情况

父亲 余多多 花园式公司职员 18888888888
母亲 毛小小 花园式小学老师 19999999999

获奖情况

2011年小学生课文朗诵比赛第一名
2012年 小学英语竞赛第一名
2012年 全国小学生作文大赛第一名
2013年 被评为校级三好学生
被评为优秀班干部
2014年 参加"花花杯"主题作文大赛一等奖
参加"花花杯"主题绘画大赛获得二等奖
钢琴比赛少儿组第二名
2015年被评为优秀少先队员
被评为全市三好学生
2016年获得"花花杯"摄影大赛第二名
参加市田径大赛获得第三名

兴趣爱好

平时喜欢阅读各种书籍，尤其是漫画，还特别喜欢运动，擅长的运动有羽毛球、乒乓球和足球。我还特别喜欢和爸爸妈妈一起去旅游，看不同的风景，品尝各地的美食。

第6步

插入图片

文字部分完成后，我们将自己的照片插入表格中。

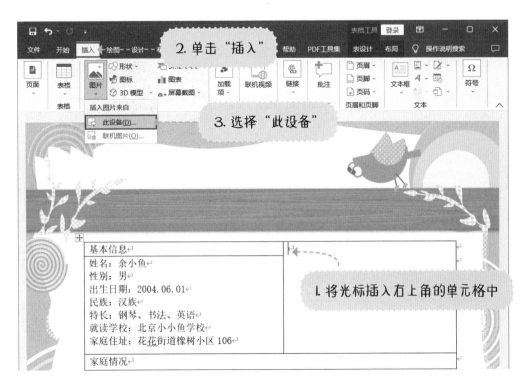

2. 单击"插入"

3. 选择"此设备"

1. 将光标插入右上角的单元格中

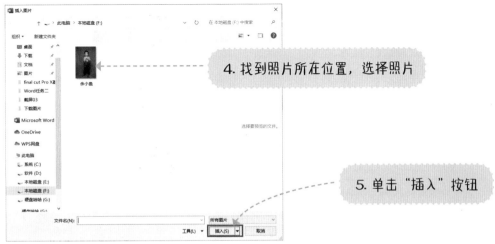

4. 找到照片所在位置，选择照片

5. 单击"插入"按钮

图片插入到文档中后，可以看到图片比较大，而且我们需要的是一张圆形的、只有上半身的图片，所以需要对图片进行调整。

选中图片后可以看到图片四周出现 8 个小圆点，它叫控制点，可以用于调整图片大小。

这里我们将光标放到图片右下角的控制点上，按住鼠标左键，向左上角拖曳来实现等比例缩小图片。

小咪老师，图片每条边上的控制点也可以调整图片的大小吗？

可以的，但是这样操作会让图片变形，例如将上边的控制点向下拖，图片中的人就会像被"压扁"了一样。

在调整了图片大小后，开始裁剪图片。我们需要把图片裁剪为圆形。

2. 单击"格式"

3. 选择"裁剪为形状"

4. 选择"基本形状"下的"椭圆"选项

1. 选中图片

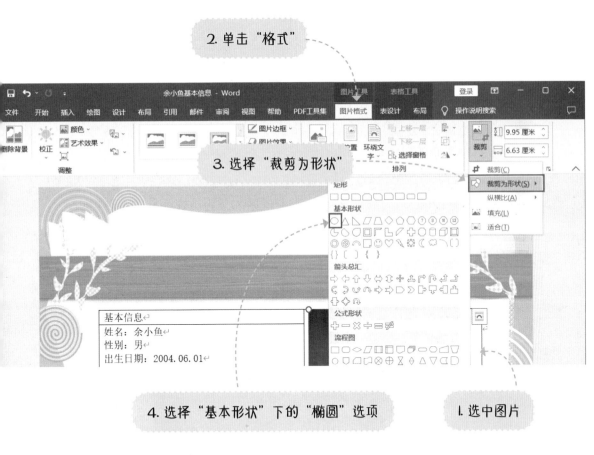

此时图片裁剪后呈现为椭圆形，但是我们需要的是一张圆形图片，那么如何将椭圆形的图片变为圆形呢？这里要普及一个小知识：圆其实是特殊的椭圆，当椭圆的长轴和短轴相等时，椭圆就变成了圆。接下来我们调整照片裁剪的纵横比。

此时界面如下图所示，图片中间出现了一个被框起来的圆形，其他的部分被阴影遮盖，阴影的部分就是将被裁掉的部分。因此我们需要调整图片的位置，将图片中不想要的部分放到阴影中，想要保留的部分放在中间的圆形中。

此时将光标放到界面的圆形中，当光标变为"十"时，按住鼠标左键不放，拖动鼠标就能调整图片位置。

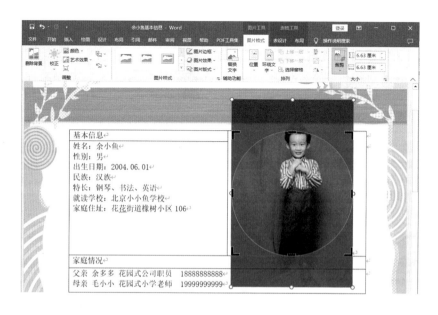

当图片调整到合适的位置后，效果如下图所示。因为我们现在选择的这张照片是张全身照，直接裁剪的话会显得照片有些空，还需要将照片中的人物适当放大一些。

利用刚刚讲过的调整图片大小的方法，通过图片右下角的控制点将图片放大到合适的大小，并适当调整图片的位置。

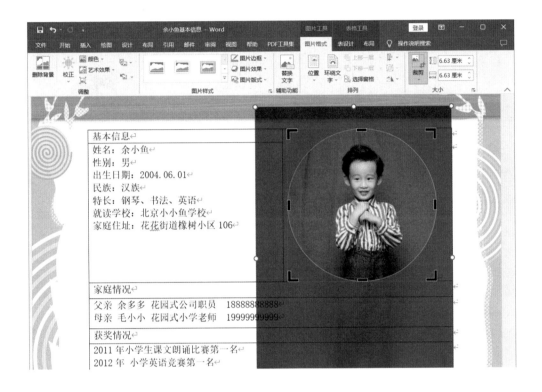

在调整好图片裁剪的位置和大小后，按【Enter】键确认裁剪。

整体美化简历

此时可以看到简历的初步效果，但是还不够美观，内容也没有重点，需要整体进行美化。

首先将表格里的基本信息、家庭情况、获奖情况和兴趣爱好这类总结性的内容放大并加粗，让其与详细的个人信息有所区分。

小咪老师，调整格式好麻烦呀，有什么技巧吗？

对多处内容的格式进行统一调整时，可以在选中第1处内容后，按住【Ctrl】键，接着选中第2处、第3处……依此类推，选中所有需要调整格式的内容后再调整格式，这样就不需重复进行选中内容后调整格式的操作了，可以在统一调整多处内容时节约很多时间。

因为后续需要隐藏表格线，因此在基本信息、家庭情况、获奖情况和兴趣爱好这 4 处还需要发挥划分简历整体布局的作用，所以这里分别为它们设置背景颜色。为了保证表格风格与模板风格整体统一，这里选择较浅的水绿色。

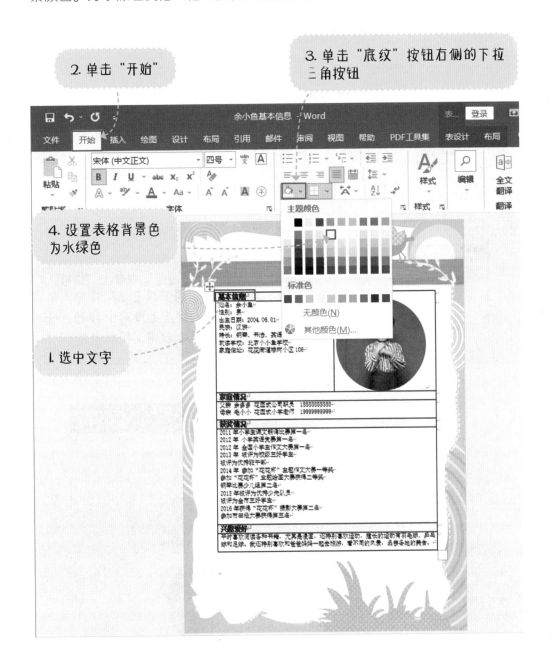

此时已经可以初见简历的整体效果了，但是还需要调整表格的大小。

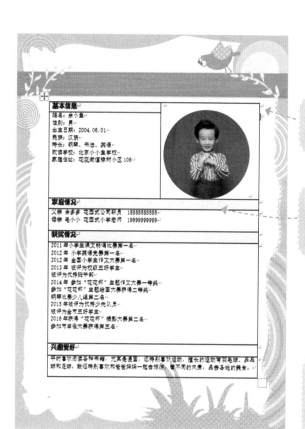

1. 将光标放在表格横向 / 纵向的线上

2. 何上 / 何下或何左 / 何右拖曳就可以调整表格的高度和宽度

1. 在"段落"中单击"边框"右侧的下拉三角"按钮,单击表格左上角的 ✛ 按钮,选中整个表格,隐藏表格的所有框线。

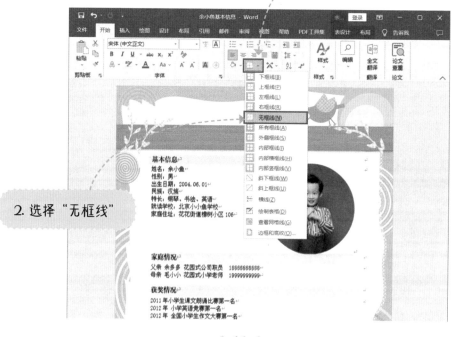

2. 选择"无框线"

因为获奖情况部分的内容是按照时间线来写的，现在这样看不是很明显，还可以为其添加项目符号，使其更加明显。

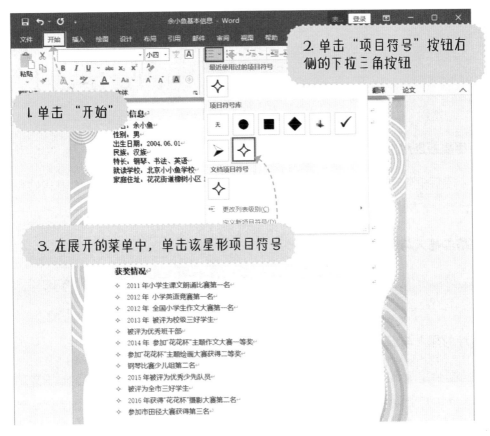

此时，再对表格和图片的位置进行细微的调整，简历就制作完成了。

知识拓展

小咪老师，这次任务我们用到的功能还有别的用法吗？

当然有啦，我们可以整理一个知识拓展笔记。

使用模板创建文档

模板是使我们事半功倍的好帮手，灵活利用模板可以帮助我们提高制作效率。当你不知道怎么做某个作品的时候，也可以找找模板来参考。

表格的插入与调整

表格常用于展示有规律的内容，例如数据，也可以像本任务所做的案例一样，作为页面整体规划的"地基"。

图片的插入与调整

图片是 Word 中非常重要的元素，在文章中适当添加图片可以增强文章的趣味性，避免读者阅读疲劳。同时灵活利用一些小的图片元素可以使文章更加美观。

项目符号

项目符号就是放在段落前的符号，有强调的作用，合理使用项目符号可以使文章的内容结构层次更加清晰。当你想强调某部分内容时可以使用它。

 玥玥，你学会怎么制作一份漂亮的简历了吗？

学会啦，谢谢小咪老师！

 和爸爸妈妈一起来制作一份你的简历吧。

好的，小咪老师！

　　从网上或者 Word 模板中选择一个自己喜欢的模板，基于模板根据自己的实际情况制作一份属于自己的简历。

成果评判

能插入表格并调整表格——需要加油啦
能插入并合理安排所有文字信息——还不错
能插入并调整图片放在合适的位置——就差一点点
能根据内容特点美化表格和文字内容——非常棒

把写过的作文整理成文集

小咪老师，我的作文得优啦。

玥玥真棒！玥玥应该写过不少作文了，想不想把自己写过的作文整理成文集？

文集？我想做！小咪老师能教我吗？

当然可以，我来教你！

把写过的作文整理成文集
- 做好准备
- 把写过的作文输入Word中
- 调整格式
- 提取目录
- 制作封面
- 添加页眉和页脚

做好准备

　　在制作作文集之前我们要知道作文集都由哪些部分构成，我们该如何制作作文集。一般来说，作文集包括封面、目录、正文三个部分。

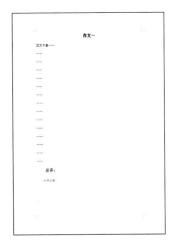

● 封面：封面是作文集最外面的一层，相当于人的脸面，非常重要，好的封面不仅切合主题，还要美观大方，让人过目不忘。封面包含一些必要元素，包括：姓名、班级、学号、学校等。除此之外，我们还可以选择喜欢的图片作为封面背景，使封面更加美观。

● 目录：一般在作文集的第二页，有检索的功能。人们可以通过目录页码快速找到想要看的作文。

● 正文：包括作文的题目、作文的内容、老师的点评。

把写过的作文输入 Word 中

首先，打开计算机中的 Word 软件，创建一个空白文档，把自己写过的作文输入 Word 中，注意不要有错别字，注意分段。

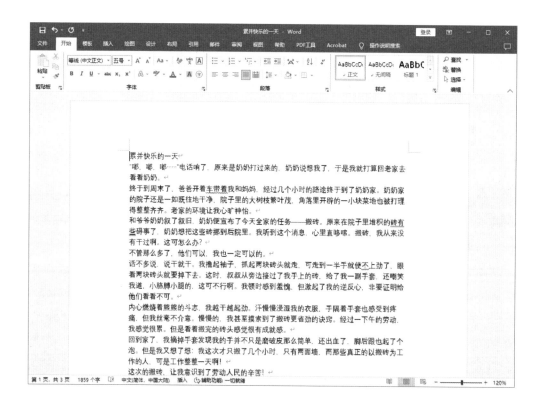

调整格式

接下来调整格式。首先我们先调整文档的整体格式。

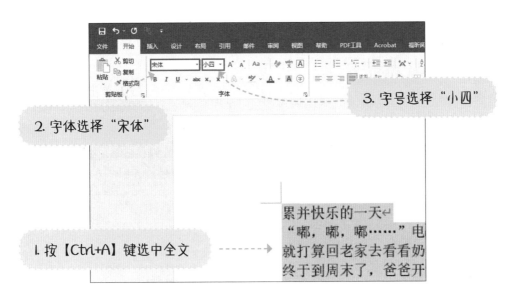

2. 字体选择"宋体"

3. 字号选择"小四"

1. 按【Ctrl+A】键选中全文

接下来调整一下段落格式，设置行距和首行缩进，使文档看起来更清晰。

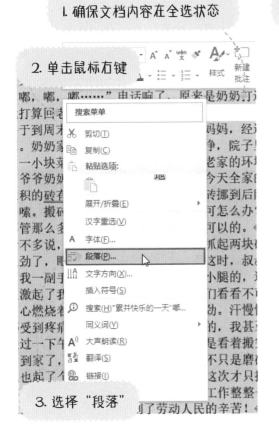

1. 确保文档内容在全选状态

2. 单击鼠标右键

3. 选择"段落"

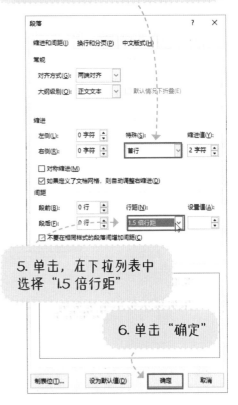

4. 单击，在下拉列表中选择"首行"

5. 单击，在下拉列表中选择"1.5 倍行距"

6. 单击"确定"

接下来我们为所有作文的标题添加标题样式，为之后提取目录做准备。

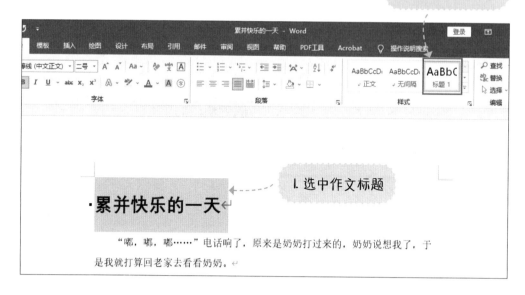

2. 单击"标题1"

1. 选中作文标题

然后我们再来修改标题的格式，标题应该居中显示，并且比正文的字号大一些，可以直接通过修改样式设置来实现。

1. 在"标题"上单击鼠标右键

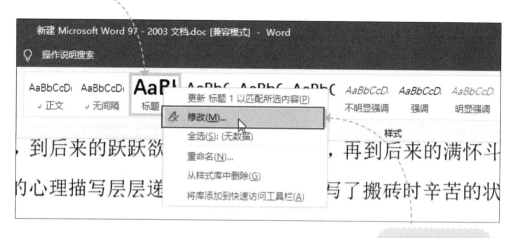

2. 选择"修改"

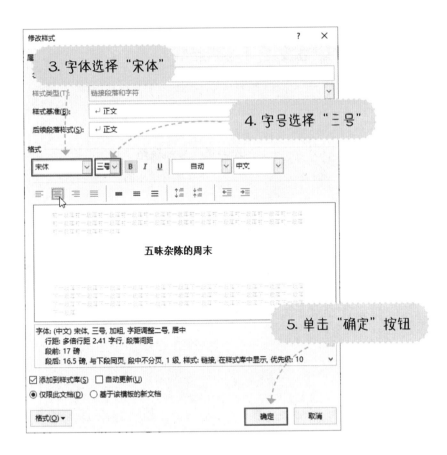

作文的标题就设置好了。

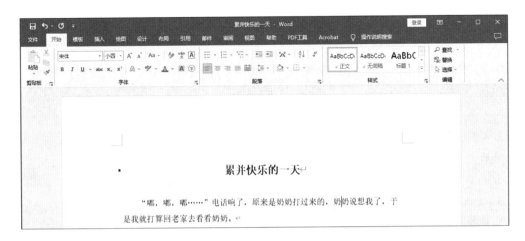

标题设置完成后，就可以从导航栏里面看到每篇作文的标题。

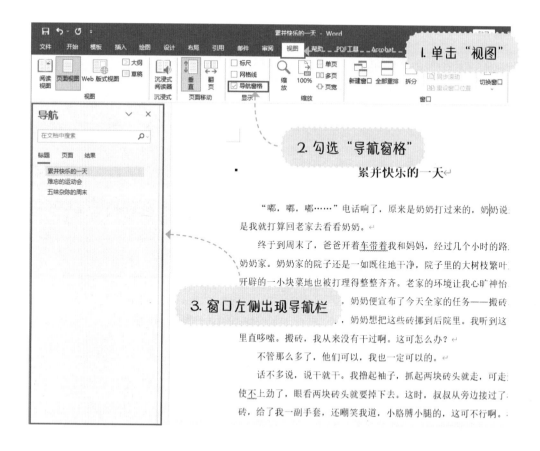

单击导航栏里的任一作文标题，就能快速到达这个标题的位置，操作会更加方便。

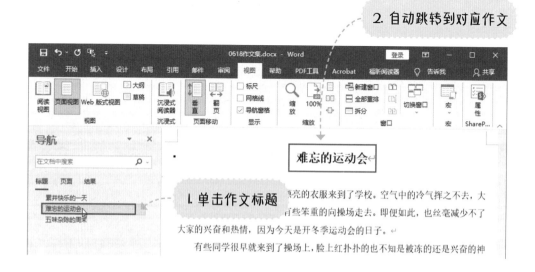

接下来我们需要把老师的点评设置为单独的格式，和作文内容区分开。

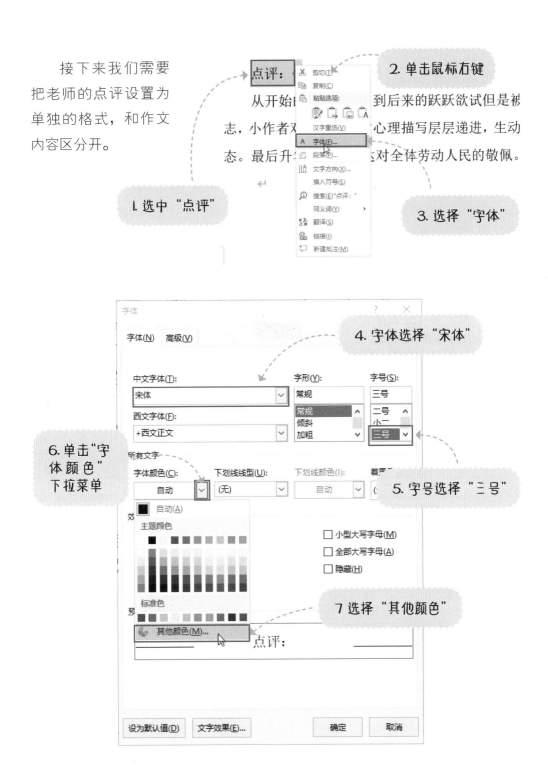

此时会弹出一个对话框，让我们给字体自定义颜色。

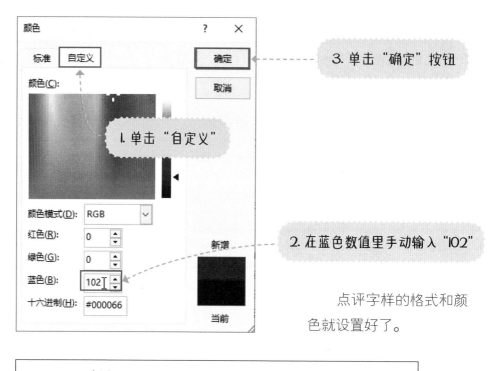

3. 单击"确定"按钮

1. 单击"自定义"

2. 在蓝色数值里手动输入"102"

点评字样的格式和颜色就设置好了。

点评：

从开始的心里犯怵，到后来的跃跃欲试但是被叔叔嘲笑，再到后来的满怀斗志，小作者对搬砖过程的心理描写层层递进，生动形象地描写了搬砖时辛苦的状态。最后升华主题，表达对全体劳动人民的敬佩。整体写得非常好！

接着按照上面的方法给老师点评的内容也添加格式。将点评内容的字体设置为"华文仿宋"，字号设置为"小四"，颜色同样是选择"其他颜色"，自定义的RGB值分别为红色196、绿色89、蓝色17。

回到家了，我摘掉手套发现我的手并不只是磨破皮那么简单，还出血了，脚后跟也起了个泡。但是我又想了想：我这次才只搬了几个小时，只有两面墙，而那些真正的以搬砖为工作的人，可是工作整整一天啊！

这次的搬砖，让我意识到了劳动人民的辛苦！

点评：

从开始的心里犯怵，到后来的跃跃欲试但是被叔叔嘲笑，再到后来的满怀斗志，小作者对搬砖过程的心理描写层层递进，生动形象地描写了搬砖时辛苦的状态。最后升华主题，表达对全体劳动人民的敬佩。整体写得非常好！

这样设置完，我们的作文和老师的点评就可以很容易地区分出来，整体效果会更加清晰。

累并快乐的一天

"嘟，嘟，嘟……"电话响了，原来是奶奶打过来的，奶奶说想我了，于是我就打算回老家去看看奶奶。

终于到周末了，爸爸开着车带着我和妈妈，经过几个小时的路途终于到了奶奶家。奶奶家的院子还是一如既往地干净，院子里的大树枝繁叶茂，角落里开辟的一小块菜地也被打理得整整齐齐。老家的环境让我心旷神怡。

和爷爷奶奶叙了叙旧，奶奶便宣布了今天全家的任务——搬砖。原来在院子里堆积的砖有些碍事了，奶奶想把这些砖挪到后院里。我听到这个消息，心里直哆嗦。搬砖，我从来没有干过啊。这可怎么办？

不管那么多了，他们可以，我也一定可以的。

话不多说，说干就干。我撸起袖子，抓起两块砖头就走，可走到一半手就使不上劲了，眼看两块砖头就要掉下去。这时，叔叔从旁边接过了我手上的砖，给了我一副手套，还嘲笑我道，小胳膊小腿的，这可不行啊。我顿时感到着愧，但激起了我的逆反心，非要证明给他们看看不可。

内心燃烧着熊熊的斗志，我越干越起劲。汗慢慢浸湿我的衣服，手隔着手套也感受到疼痛，但我丝毫不介意。慢慢的，我甚至摸索到了搬砖更省劲的诀窍。经过一下午的劳动，我感觉很累。但是看着搬完的砖头感觉很有成就感。

回到家了，我摘掉手套发现我的手并不只是磨破皮那么简单，还出血了，脚后跟也起了个泡。但是我又想了想 我这次才只搬了几个小时，只有两面墙，而那些真正的以搬砖为工作的人，可是工作整整一天啊！

这次的搬砖，让我意识到了劳动人民的辛苦！

点评：

从开始的心里犯怵，到后来的跃跃欲试但是被叔叔叔嘲笑，再到后来的满怀斗志，小作者对搬砖过程的心理描写层层递进，生动形象地描写了搬砖时辛苦的状态，最后升华主题，表达对全体劳动人民的敬佩。整体写得非常好！

劳动是非常辛苦的，我们要珍惜自己和别人的劳动成果。玥玥知道五一劳动节吗？

我知道！是五月的第一天，每次学校都会放假。

是的，五一劳动节是全世界劳动人民共同的节日。小朋友，你知道劳动节的由来吗？

接下来我们需要把剩下的点评格式都设置一下，我们可以使用 Word 里面的"格式刷"功能。

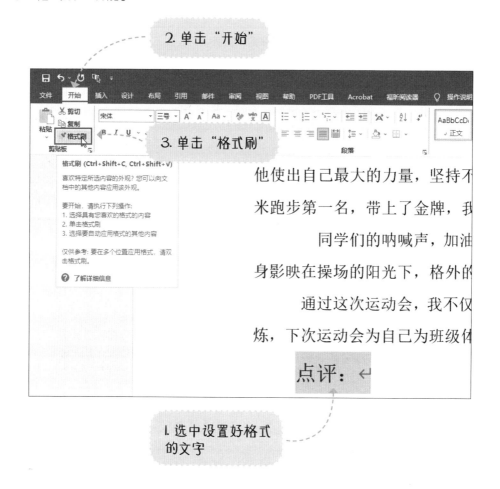

这时我们会发现光标变成了一个小刷子的形状。

找到需要设置成一样格式的文字，用格式刷把要修改格式的文字选中。需要注意，用格式刷修改格式期间不要松手。

格式刷刷过的地方就都变成了我们刚才选取文字的格式了。

按照这个方法把剩下的点评和点评内容格式设置好吧！

提取目录

为了我们以后查看作文时更方便，接下来我们给作文集做一个目录。目录一般都是在文字内容前面的单独一页，所以我们需要在全文前插入空白页。

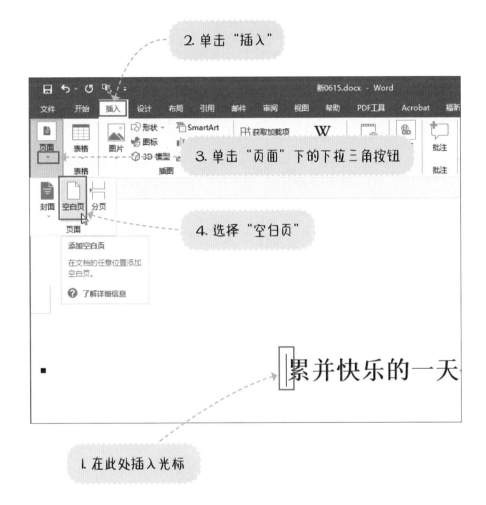

这样我们就在正文前面插入一个空白页了，在这里直接插入两个空白页，第一个空白页留着用来制作封面，我们先来到第二个空白页提取目录。

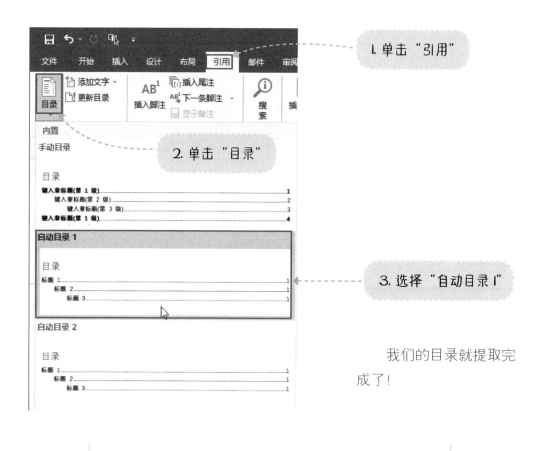

1. 单击"引用"

2. 单击"目录"

3. 选择"自动目录1"

我们的目录就提取完成了!

目录↵
累并快乐的一天 .... 2↵
难忘的运动会 .... 3↵
五味杂陈的周末 .... 3↵
↵

第 5 步

制作封面

下面在第一页上制作封面。首先将提供的配套图片"第3章案例素材"插入第一页。

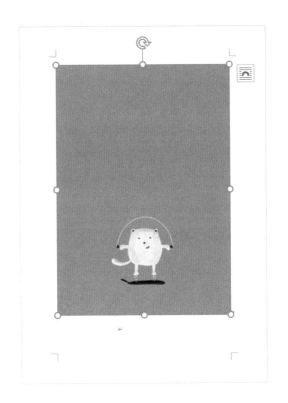

选中图片，通过图片四周的控制点，调整图片大小，直至图片占满页面。

接下来设置图片的环绕文字方式，使图片浮于文字上方。

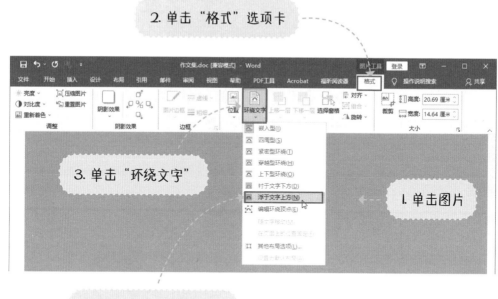

2. 单击"格式"选项卡

3. 单击"环绕文字"

4. 选择"浮于文字上方"

1. 单击图片

封面上还应该有作文集的标识，这样我们看到这个封面时才会知道这是一本作文集。我们来添加一个竖排文本框。

1. 单击"插入"

2. 单击"文本框"

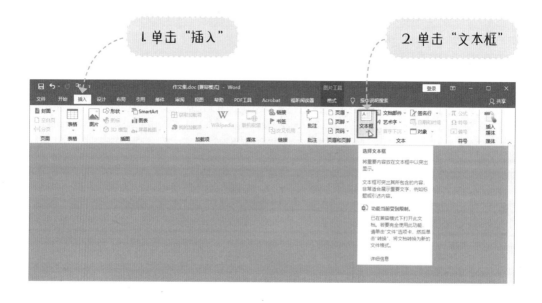

3. 选择"绘制竖排文本框"

这时光标就会变成一个"十"，单击并拖曳鼠标，就能绘制文本框。

松开鼠标完成绘制。

绘制出的文本框放在封面比较突兀，下面我们来设置一下文本框的格式，去掉文本框背景和边框。

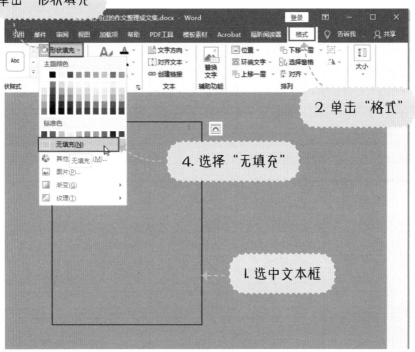

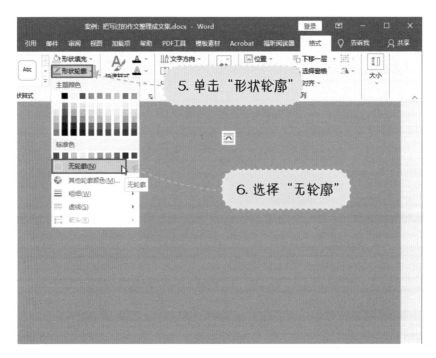

我们在文本框内输入
文字"作文集"。

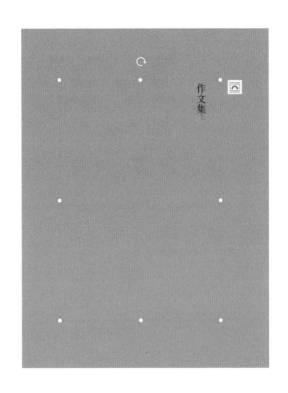

接下来我们选中文字"作文集"，设置一下文字的格式。

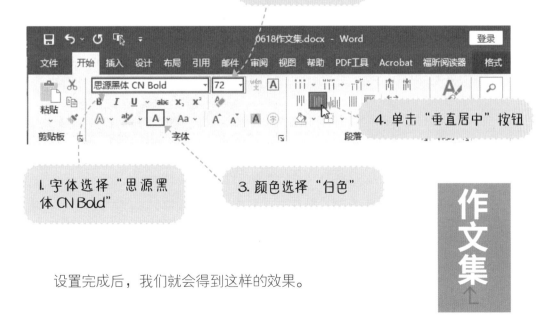

2. 字号选择"72"

1. 字体选择"思源黑体 CN Bold"

3. 颜色选择"白色"

4. 单击"垂直居中"按钮

设置完成后，我们就会得到这样的效果。

和调整图片大小的方法类似，文本框也有控制点，通过拖曳控制点调整文本框的大小。然后选中文本框，移动鼠标，当光标变成"✛"时，拖曳鼠标就可以移动文本框的位置。

移动过程中我们根据绿色辅助线的提示，把文本框移动到文档居中偏上的位置。

使用同样的方法，在封面下方再插入一个横排文本框，留出填写姓名、班级、学校、学号信息的位置。在姓名等信息的后面需要添加横线，以便填写这些信息。我们先在冒号的后面输入18个空格，然后选中这些空格，给空格下添加下画线。

我们按照这个方法给每一项都添加好下画线。

姓名：_____
班级：_____
学号：_____
学校：_____

然后我们按照之前的方法把文字格式设置一下。设置字体格式为"思源黑体CN Blod"，字体大小为"三号"，字体颜色为白色。再选中文本框内的文字，单击"居中"按钮，使文字在文本框内居中显示。

姓名：_____
班级：_____
学号：_____
学校：_____

接下来我们用之前学过的方法，选中文本框，当光标变成"✛"时拖曳鼠标，把文本框移动到合适的位置，大概移动到页面居中偏下的位置就可以了。

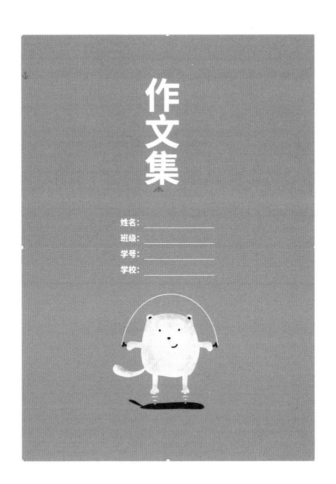

添加页眉和页脚

　　作文集的每一篇作文都在独立的页面上显示会更加美观，所以我们先检查一下文档，发现两篇作文在同一页时，就要把这两篇作文分开。首先我们找到在同一页上的两篇作文。

同学们的呐喊声，加油声，裁判员的枪声充斥于耳，运动员同学矫健的身影映在操场的阳光下，格外的闪耀。

通过这次运动会，我不仅明白了友谊第一，比赛第二，我还决定要天天锻炼，下次运动会为自己为班级体争光。

点评：

运动会上，老师同学一个个神采飞扬，赛场上，运动员的矫健身影闪耀在阳光下，小作者用生动的语言为我们描绘了一场精彩绝伦的运动会。

五味杂陈的周末

今天是要放假的一天，今天也是糟糕的一天。

今天周五，放学后我兴高采烈地回到家，欢喜地计划着周末去哪里玩耍。可

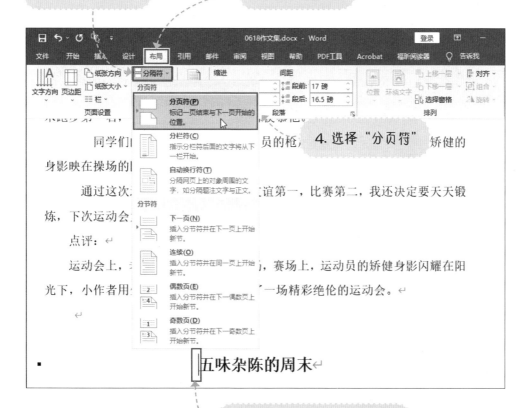

插入分页符后，下面的作文就会在新的一页上了，这样看起来更美观。

五味杂陈的周末

今天是要放假的一天，今天也是糟糕的一天。

今天周五，放学后我兴高采烈地回到家，欢喜地计划着周末去哪里玩耍。可吃过晚饭后，感觉不对了。我突然头昏脑胀，脸涨得通红。妈妈说："坏了，你是不是发烧了？"我心想，完了，我的假期可怎么办啊。

量体温、喝热水、敷冰袋一通折腾，最终我还是难逃发烧的命运，沮丧地去了医院。打了一针退烧药，我昏昏沉沉地回了家。晚上也不能出去看电影了，小朋友们找我玩也不得不拒绝人家的邀约。我在家躺着，开始怪自己前几天太得瑟了穿得太少还没节制地吃冰棍。

我们还需要在文档中添加页眉，以便在每一篇作文的页眉上输入作文的标题。首先进入编辑页眉状态。

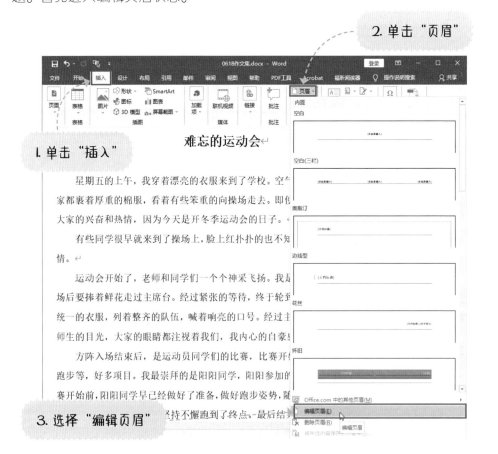

72

五味杂陈的周末

今天是要放假的一天，今天也是糟糕的一天。

今天周五，放学后我兴高采烈地回到家，欢喜地计划着周末去哪里玩耍。可吃过晚饭后，感觉不对了。我突然头昏脑胀，脸涨得通红。妈妈说："坏了，你是不是发烧了？"我心想，完了，我的假期可怎么办啊。

量体温、喝热水、敷冰袋一通折腾，最终我还是难逃发烧地命运，沮丧地去了医院。打了一针退烧药，我昏昏沉沉地回了家。晚上也不能出去看电影了，小朋友们找我玩也不得不拒绝人家的邀约。我在家躺着，开始怪自己前几天太得瑟了穿得太少还没节制地吃冰棍。

到了该睡觉的时候，我如往常一样自觉地回到了自己的小房间准备睡觉。这时妈妈叫住我："宝贝，我们怕你晚上再烧起来，今天和爸爸妈妈一起睡吧。"

我们在页眉输入相应作文的标题，输入之后在页眉下方双击鼠标退出编辑页眉状态。

五味杂陈的周末

五味杂陈的周末

可是我们会发现，其他作文的页眉也变成我们刚才输入的文字了。

五味杂陈的周末

难忘的运动会

我们需要在每一篇作文的页眉输入不同的文字。这时就需要我们设置一下，在每一页的末尾都插入一个分节符。

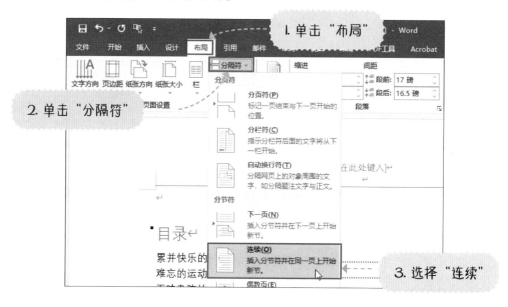

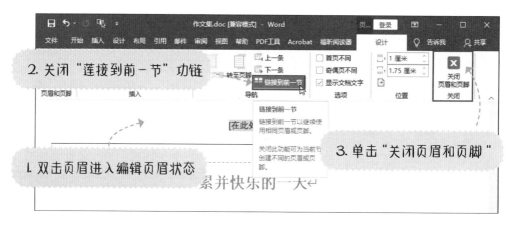

这样我们就能在每一页作文上面添加不同的页眉了。目录不需要页眉。

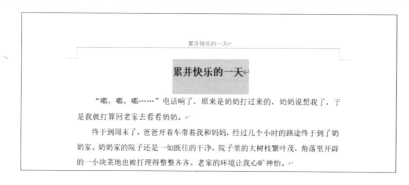

最后再给我们的作文集添加页码，方便快速定位。

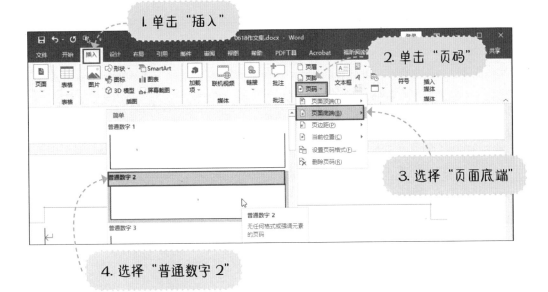

这样，页眉和页码就设置好啦。恭喜你！专属于你的作文集做好啦！

累并快乐的一天

累并快乐的一天

"嘟，嘟，嘟……"电话响了，原来是奶奶打过来的，奶奶说想我了，于是我就打算回老家去看看奶奶。

终于到周末了，爸爸开着车带着我和妈妈，经过几个小时的路途终于到了奶奶家。奶奶家的院子还是一如既往地干净，院子里的大树枝繁叶茂，角落里开辟的一小块菜地也被打理得整整齐齐。老家的环境让我心旷神怡。

和爷爷奶奶叙了叙旧，奶奶便宣布了今天全家的任务——搬砖。原来在院子里堆积的砖有些碍事了，奶奶想把这些砖搬到后院里。我听到这个消息，心里直哆嗦。搬砖，我从来没有干过啊。这可怎么办？

不管那么多了，他们可以，我也一定可以的。

话不多说，说干就干。我撸起袖子，抓起两块砖头就走，可走到一半手就使不上劲了，眼看两块砖头就要掉下去。这时，叔叔从旁边接过了我手上的砖，给了我一副手套，还嘲笑我道，小胳膊小腿的，这可不行啊。我顿时感到羞愧，但激起了我的逆反心，非要证明给他们看看不可。

内心燃烧着熊熊的斗志，我越干越起劲。汗慢慢浸湿我的衣服，手隔着手套也感受到疼痛，但我丝毫不介意。慢慢的，我甚至摸索到了搬砖更省劲的诀窍。经过一下午的劳动，我感觉很累。但是看着搬完的砖头感觉很有成就感。

回到家了，我摘掉手套发现我的手并不只是磨破皮那么简单，还出血了，脚后跟也起了个泡。但是我又想了想：我这次才只搬了几个小时，只有两面墙，而那些真正的以搬砖为工作的人，可是工作整整一天啊！

这次的搬砖，让我意识到了劳动人民的辛苦！

点评：

从开始的心里犯怵，到后来的跃跃欲试但是被叔叔故嘲笑，再到后来的满怀斗志，小作者对搬砖过程的心理描写层层递进，生动形象地描写了搬砖时辛苦的状态。最后升华主题，表达对全体劳动人民的敬佩。整体写得非常好！

知识拓展

小咪老师，这次任务我们用到的功能还有别的用法吗？

当然有啦，我们可以整理一个知识拓展笔记。

样式设置

样式是多种格式的组合。通过设置样式，可以一次性设置所选中对象的格式，包括字号、字体、颜色、行间距等。样式设置通常用于想要批量设置格式时。Word 中自带一些样式，可以直接使用或在此基础上修改样式，也可以根据自己想要的效果创建新的样式。

文字环绕

文字环绕是 Word 中主要用于设置文档中的图片、文本框、自选图形、艺术字等和文字之间位置的一个功能，有四周型、紧密型、衬于文字下方、浮于文字上方、上下型、穿越型等多种文字环绕方式。四周型可以使文字围绕在图片的四周，浮于文字上方可以使图片浮在文字的上方等。这个功能一般用于文档中既有图片、文本框，又有文字的时候，它可以很方便地对文字和图片进行排版，使页面更加美观。

格式刷

格式刷是能快速地将文字对象设置成某种已有格式的工具，它可以复制所选中文字的格式，如字体、大小、颜色、居中、加粗等，将其应用到另一段选中的文字中，通常用于想要统一文字样式的时候。在使用时可以先设置好一处文字的样式作为模板，再用格式刷功能统一其他文字的样式，可以加快速度。

文本框

文本框是一种可以移动位置和调节大小的文字容器，在 Word 中添加文本框，可以在一页上放置多个文字块。文本框内的文字可以按照和正文不同的方向排列。文本框的轮廓、填充和效果都是可以设置的。

分页符

　　分页符是给文档分页的一种符号，在需要分页的地方插入一个分页符，文档就会由此被分成两页，这个功能可以控制每一页的信息量，使文档更加清晰。分页符通常用于义档没有自动分页，需要强制分页的时候。

页眉和页角

　　一般称每个页面的顶部区域为页眉，每个页面的底部区域为页脚。页眉和页脚的作用主要是用于显示文档的附加信息。页眉可以插入时间、图形、作者姓名等。 页脚可以插入页码、日期等。当文档内容较多时，添加页眉和页脚可以方便我们查找内容。

玥玥，你学会怎么整理文集了吗？

学会啦，谢谢小咪老师！

和爸爸妈妈一起，找出自己所有的作文，按年级递增的顺序整理出一个文集吧，可以看看自己的写作水平是如何提升的。

好的，小咪老师！

　　找出自己写过的所有有老师点评的作文，按年级递增的顺序整理出一个文集。

成果评判

把作文输入到 Word 中——需要加油啦

设置好作文格式和老师点评格式——还不错

提取目录和制作作文集封面——就差一点点

给作文集设置页眉和页脚——非常棒

制作一张晚会志愿者招募海报

小咪老师，学校要组织新年联欢晚会啦。

真的吗？玩得开心。

我还参与了晚会的组织。我们要制作一张招募海报，招募50个勤劳能干的同学参与进来，帮助完成晚会节目的准备工作。小咪老师知道怎么做海报吗？

当然知道啦！我来教你！

做好准备

新建Word文档，调整页边距和缩放

添加底图和艺术字，并调整其位置大小

制作一张晚会志愿者招募海报

使用SmartArt图形制作招募事项

插入文本框，输入联系方式

对海报进行进一步的排版设计

添加自定义形状，完成海报并导出

做好准备

一张晚会招募海报应该包含以下部分。

底图

海报主题

XXXX 晚会

招募志愿者啦!

招募事项

时间：XXXX年X月X日至X日

人数：X

要求：XXXX

招募事项

联系方式：XXX-XXXXXXX
联系地址：XXXX
联系老师：XXX

联系方式

●海报主题：海报的主题和重点。

●招募事项：招募的具体要求、截止时间和所需人数。

●联系方式：联系电话、联系地址和联系人员。

●底图：海报的背景图片。

在制作海报之前，我们需要先明确招募的具体要求，再根据海报主题选择相应的底图，例如新年联欢晚会，就需要红色系底图。在选好底图的基础上，为文本选择合适的色系，再对其进行排版设计。

新建 Word 文档，调整页边距和缩放

新建一个名为"新年联欢晚会志愿者招募海报"的 Word 文档，打开后设置页边距。

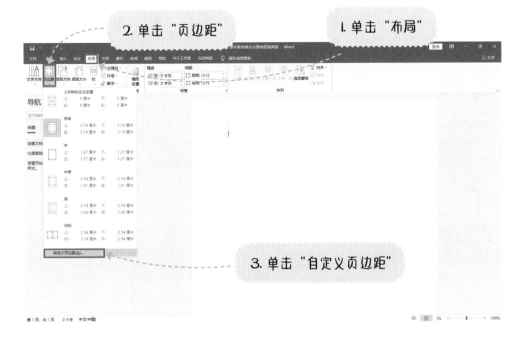

在弹出的"页面设置"窗口中将上、下、左右的页边距设置为0，这样海报能够填充整个页面。

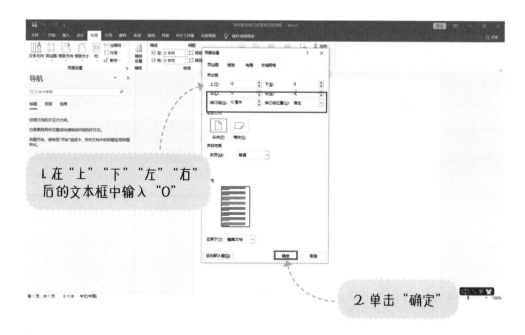

1. 在"上""下""左""右"后的文本框中输入"0"

2. 单击"确定"

接下来调整显示比例，让页面完整显示，方便后续进行排版设计。

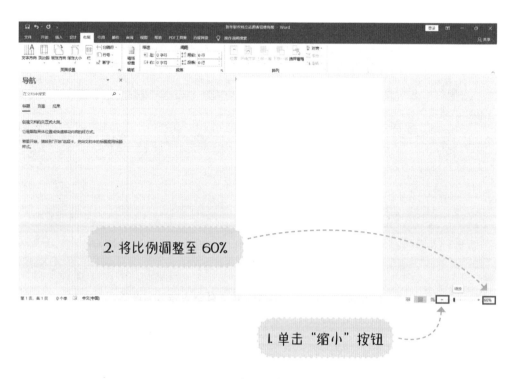

2. 将比例调整至 60%

1. 单击"缩小"按钮

第3步

添加底图和艺术字，并调整其位置大小

接下来开始做海报。首先要插入海报的底图。

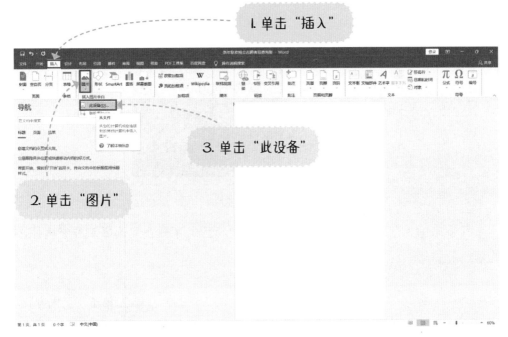

1. 单击"插入"

2. 单击"图片"

3. 单击"此设备"

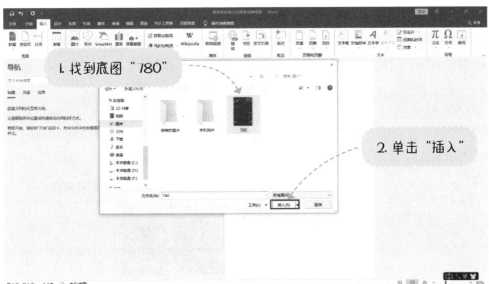

1. 找到底图"780"

2. 单击"插入"

插入底图后，调整图片的大小，让底图铺满整个页面，效果如下。

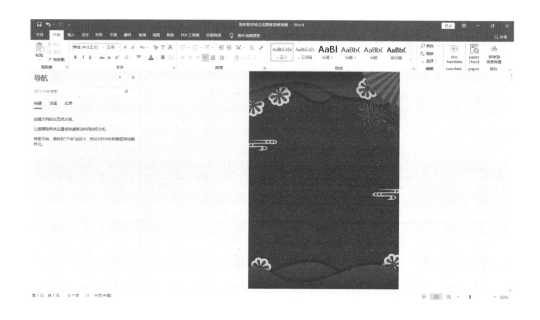

接下来插入艺术字，来制作海报的主题。艺术字样式的选择需要参考底图的颜色。

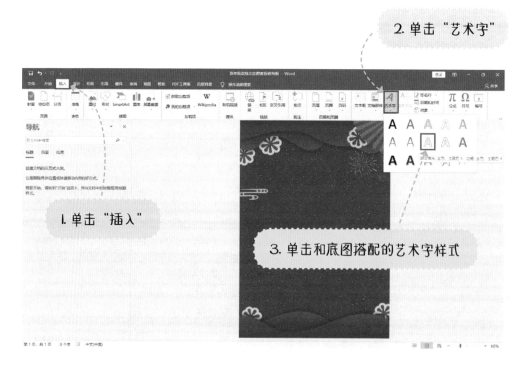

输入海报主题的内容，并调整艺术字的位置。

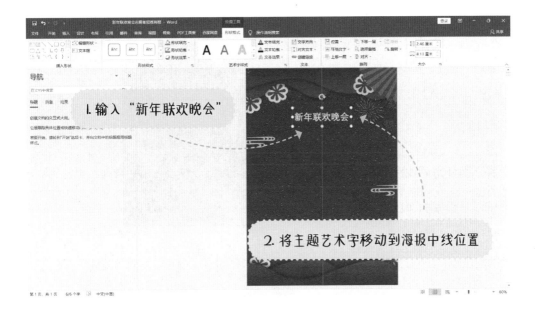

用相同的方法插入第二行艺术字，并调整其位置。

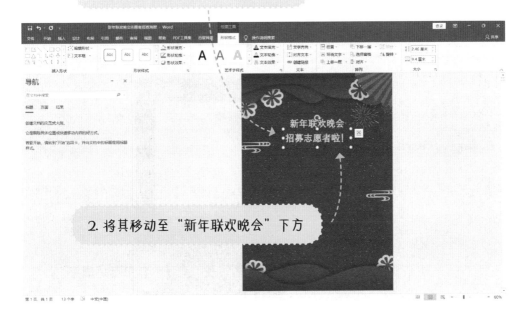

按如图方式调整艺术字的字号及位置，让海报主题更有层次感。

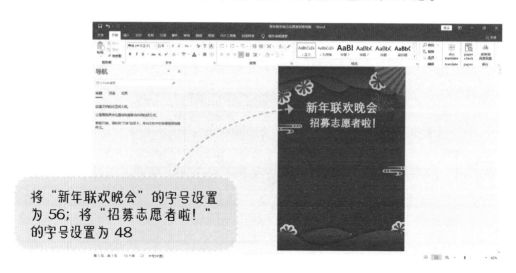

将"新年联欢晚会"的字号设置
为 56；将"招募志愿者啦！"
的字号设置为 48

使用 SmartArt 图形制作招募事项

首先插入 SmartArt 图形。

1. 单击"插入"

2. 单击"SmartArt"

3. 选择该图形

4. 单击"确定"

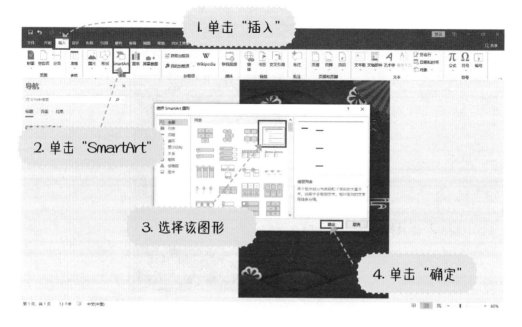

插入 SmartArt 图形后，会发现无法直接将其拖放到底图上，这时只需要设置一下它的布局格式。

1. 在插入的 SmartArt 图形上单击鼠标右键

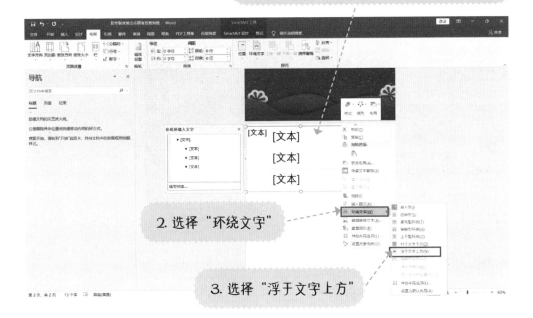

2. 选择"环绕文字"

3. 选择"浮于文字上方"

再单击 SmartArt 图形，就可以将其在底图上自由拖动了。

输入招募事项

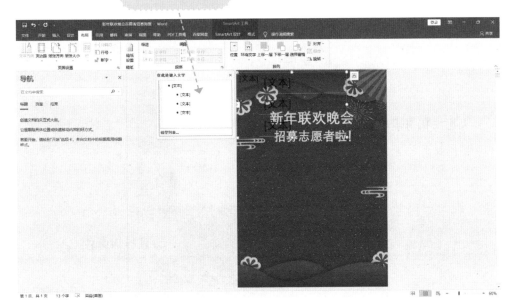

将招募事项调整至海报中间位置。

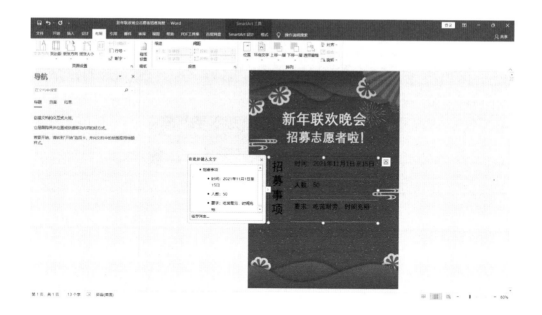

这时我们发现，因为底图是红色的，黑色的招募事项显得既不清晰也不美观，所以我们需要调整颜色。先调整 SmartArt 图形的颜色。

再调整招募事项中的文字的颜色。

2. 单击"字体颜色"按钮

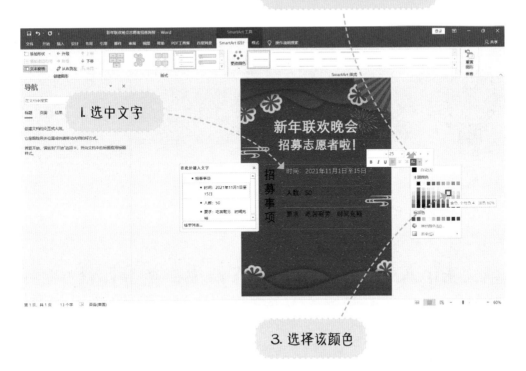

3. 选择该颜色

所有文字的颜色都调整后的效果如下图所示，更明亮美观，且整体很协调。

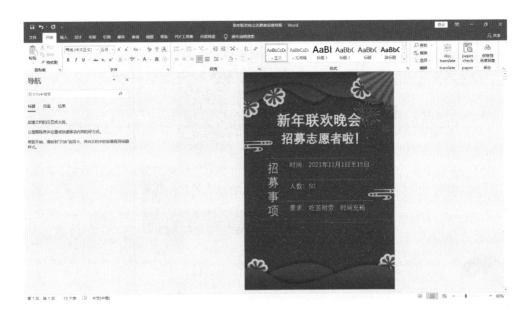

玥玥知道什么是志愿者吗？

我知道！志愿者就是自愿参加一些活动，主动奉献、不求回报的人，非常值得我们尊敬。

玥玥真棒！小朋友，你知道在哪些大型活动中有可爱的志愿者吗？

第 5 步

插入文本框，输入联系方式

首先插入文本框。

2. 单击"文本框"

1. 单击"插入"

3. 选择"简单文本框"

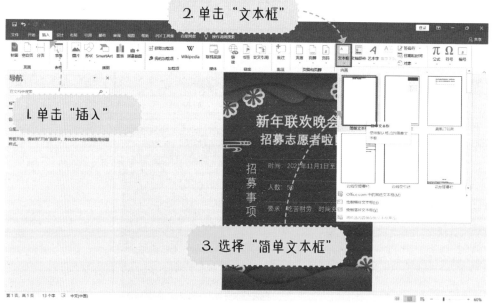

小咪老师，为什么我的文本框不见了？

有可能叠在了图片下面，可以用与设置SmartArt图形布局方式相同的方式，将文本框也设置为"浮于文字之上"。

　　插入的文本框默认是白底黑框，我们需要对其重新设置。先设置其形状填充为"无填充"，原本的白底会变为透明底。

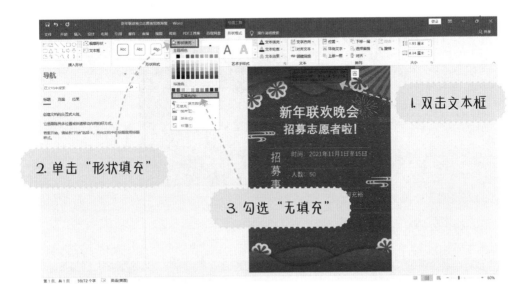

　　再去掉文本框的黑色轮廓。

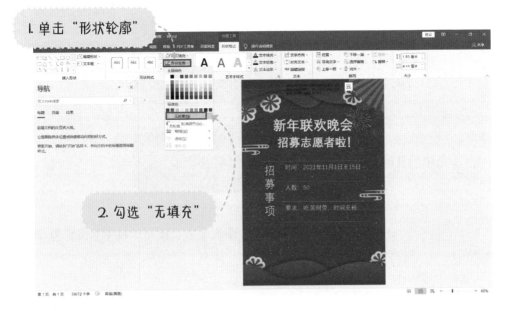

在文本框中输入联系方式。

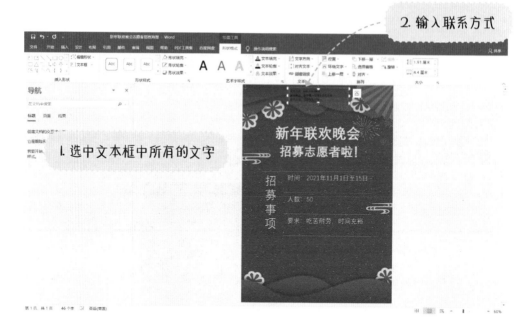

调整联系方式的位置，以及字号。

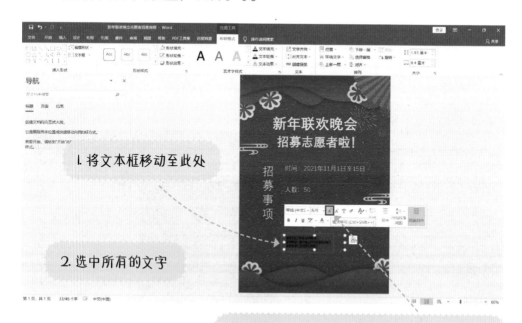

调整文字的颜色，使其醒目突出。

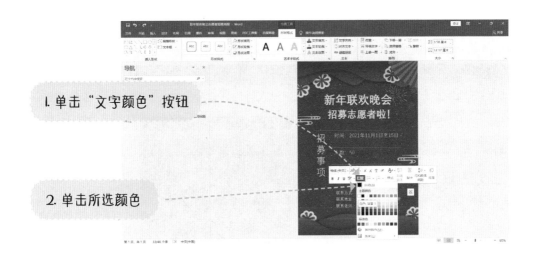

1. 单击"文字颜色"按钮

2. 单击所选颜色

第6步

对海报进行进一步的排版设计

在添加完海报上的元素后，我们需要再根据海报整体进行设计。

观察现在的海报，我们发现一个问题：SmartArt 图形中的文字无法垂直居中。对于这种情况，我们可以调节 SmartArt 图形的整体大小，使文字大致垂直居中，再调整文字的字号。

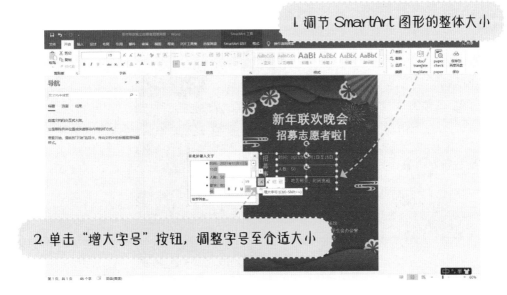

1. 调节 SmartArt 图形的整体大小

2. 单击"增大字号"按钮，调整字号至合适大小再调整联系方式的位置，让整个画面和谐。

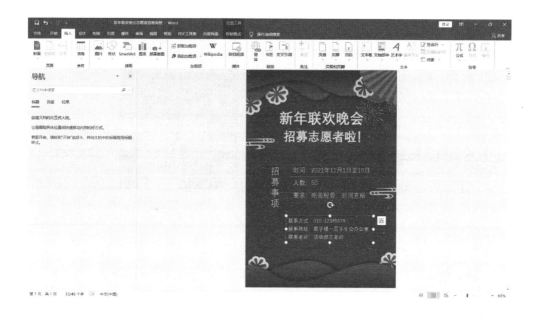

只有文字的话比较单调，无法突出重点，可以加入一些形状。首先绘制一个矩形。

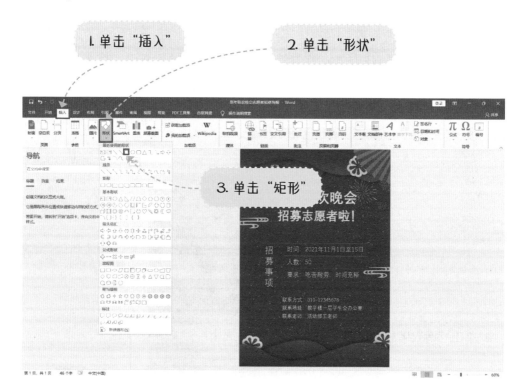

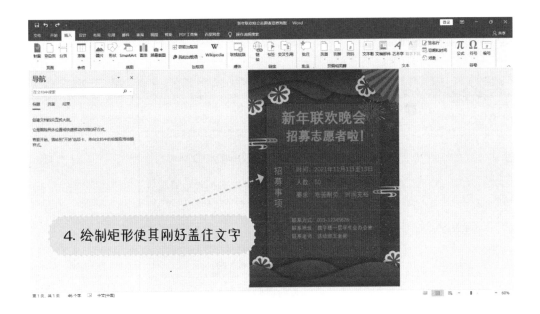

4. 绘制矩形使其刚好盖住文字

将矩形设置为无填充。

1. 单击"形状填充"

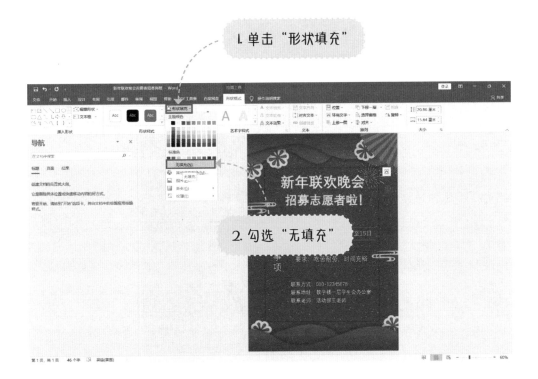

2. 勾选"无填充"

调整矩形的颜色，让它和底图的色彩更搭配。

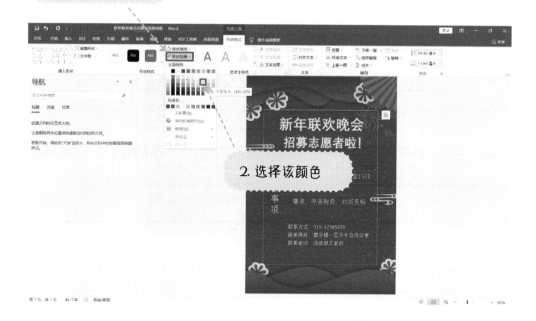

1. 单击"形状轮廓"

2. 选择该颜色

此时矩形框不一定在海报中心，需要对其位置进行调整。

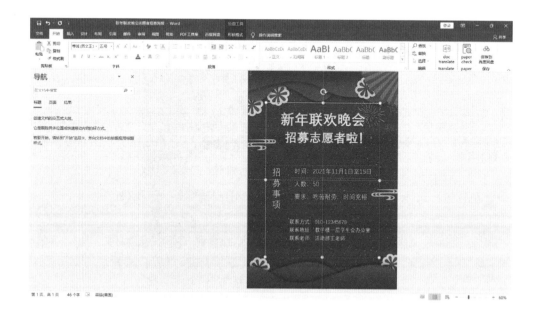

接下来绘制一个椭圆，突出海报主题的重点。

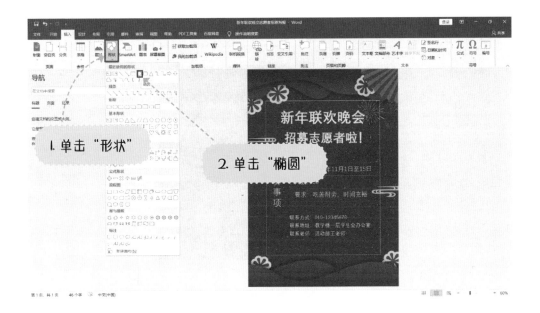

绘制出一个椭圆后，用同样的方式将椭圆设置为无填充，并将形状轮廓改为红色，再调整轮廓的粗细。

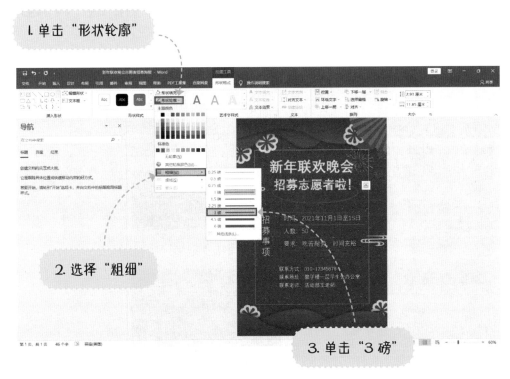

调整椭圆的位置。

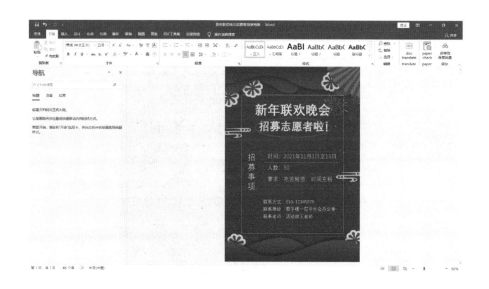

添加自定义形状，完成海报并导出

此时海报上还有一些空白，我们可以通过添加自定义形状来装饰海报。

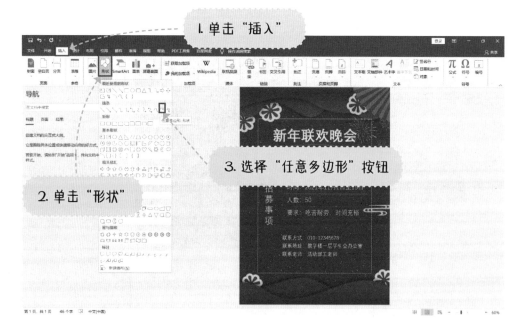

在空白处绘制一个五角星。

l. 按住【Shift】键开始绘制

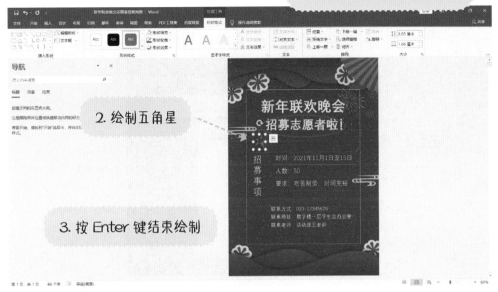

2. 绘制五角星

3. 按 Enter 键结束绘制

将五角星设置为无填充，并设置其轮廓颜色。

l. 单击"形状轮廓"

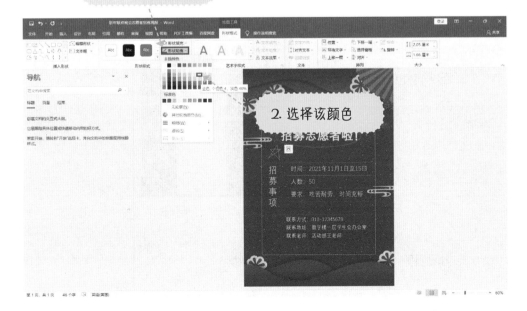

2. 选择该颜色

可以复制且粘贴出多个五角星，并调整它们的位置。

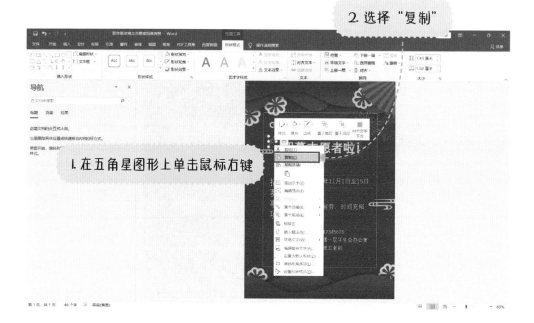

2. 选择"复制"

1. 在五角星图形上单击鼠标右键

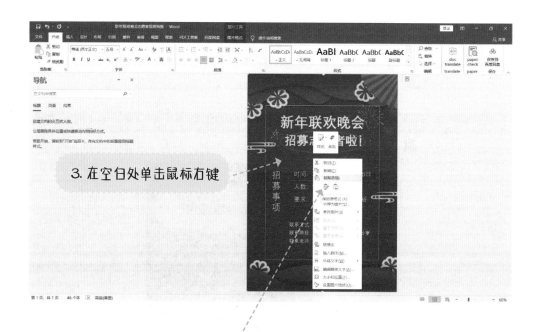

3. 在空白处单击鼠标右键

4. 选择"保留源格式"选项，进行粘贴

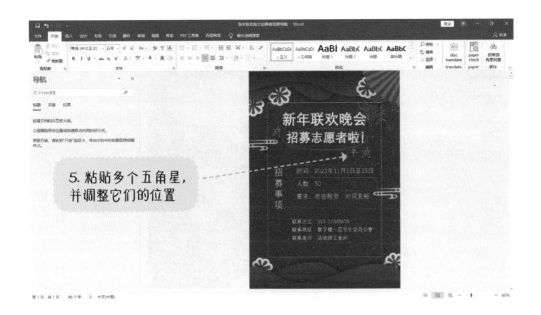

5. 粘贴多个五角星，并调整它们的位置

这样我们就完成了海报的制作，最后将文件导出。

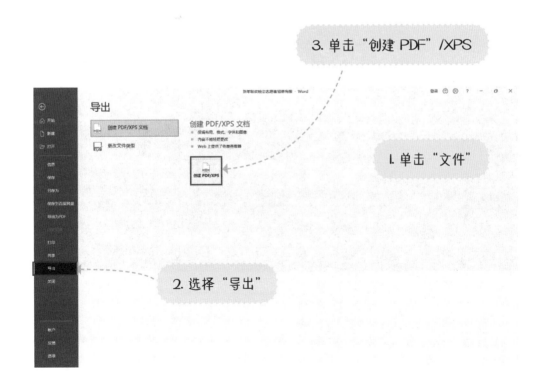

3. 单击"创建 PDF"/XPS

1. 单击"文件"

2. 选择"导出"

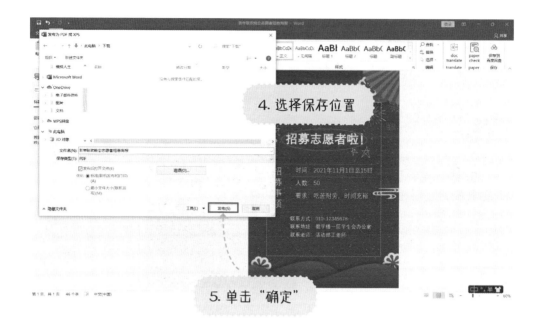

打开导出的 PDF 文件，查看效果。

///// 知识拓展 /////

小咪老师，这次任务我们用到的功能还有别的用法吗？

当然有啦，我们可以整理一个知识拓展笔记。

艺术字

在制作海报时，普通的字体很难满足设计的需求，恰当地使用艺术字可以达到让海报更加美观的效果。插入艺术字时，可以根据海报的底图来选择不同的字体样式，还可以设置艺术字的文本效果，使其发光或增加阴影，来满足不同海报的需求。

SmartArt 图形

SmartArt 图形是 Word 一个非常强大的功能，合理地运用可以让文档的制作更快捷。除了"列表"型外，SmartArt 还有"流程""循环""层次结构"等多种类型，对应不同的功能。我们应该按照海报的要求来选择合适的SmartArt 图形。

图文混排

在 Word 中添加图片时，往往会遇到无法和文字协调的场景，这时就要用到图文混排功能，更改文字的布局排列，使文字可以在图片四周，图片嵌入文字或浮于文字上方。这个功能在制作海报时会起到很重要的作用。

自定义形状

Word 中有许多形状可供选择，但当我们需要一个不存在于库里的形状时，可以通过自定义形状功能来绘制。自定义形状既可以绘制曲线也可以绘制直线，灵活地使用会为我们的海报增添许多亮点。

版式设计基础

版式设计就是在版面内根据每个要素的重要程度，调整其位置和大小，使整个版面呈现出美观性和规律性。在海报设计中，我们所选的字体和颜色都需要与底图相关，用形状框圈住文字会让重点集中而不分散，一个好的排版设计是海报美观的必要元素。

玥玥，你学会怎么制作新年联欢晚会志愿者招募海报了吗？

学会啦，谢谢小咪老师！

假如中秋节快到了，和爸爸妈妈一起为自己学校的中秋联欢晚会制作一张志愿者招募海报吧。

好的，小咪老师！

中秋佳节将至，请你为自己学校的中秋联欢晚会制作一张志愿者招募海报。

成果评判

添加了艺术字和文本框——需要加油哦

添加了 SmartArt 图形并进行图文混排——还不错

添加并绘制了多个自定义形状——就差一点点

做一个完整的版式设计并导出 PDF——非常棒

制作一本科学观察日记

小咪老师，今天我们上了科学课，老师布置了一项任务——制作一本科学观察日记，要求每篇日记不少于100字，最后以PDF的格式提交。

玥玥会制作科学观察日记吗？

我还不会，小咪老师能教我吗？

当然啦！我来教你！

制作一本科学观察日记
- 做好准备
- 新建Word文档，并开启导航窗格
- 写科学观察日记，并设置样式
- 检查日记字数够不够
- 将日记给家长批阅，家长提出修改意见
- 根据批注对日记进行修改
- 将日记文档导出为PDF格式

做好准备

一本完整的科学观察日记主要包含以下部分。

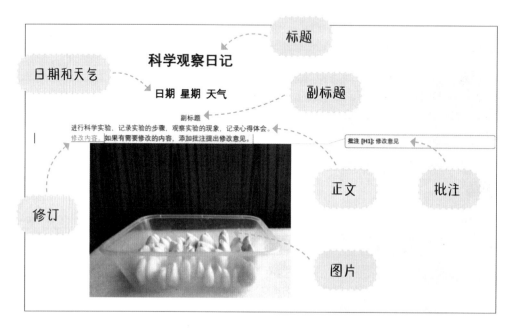

● 标题：科学观察日记的标题。

● 日期和天气：记录每篇日记的日期、星期和天气。

● 副标题：每篇日记的标题。

● 正文：日记内容。

● 图片：日记插图。

● 批注：家长修改意见。

● 修订：记录修改痕迹。

　　每天在写日记之前，小朋友要先进行科学观察实验，并细心记录实验过程和观察结果。准备相机对实验过程拍照记录，并存储到计算机中，拍摄过程可以寻求父母的帮助。

新建 Word 文档，并开启导航窗格

新建一个名为"水培大蒜观察日记"的 Word 文档，开启导航窗格，方便之后的制作。

2. 勾选"导航窗格"

1. 单击"视图"

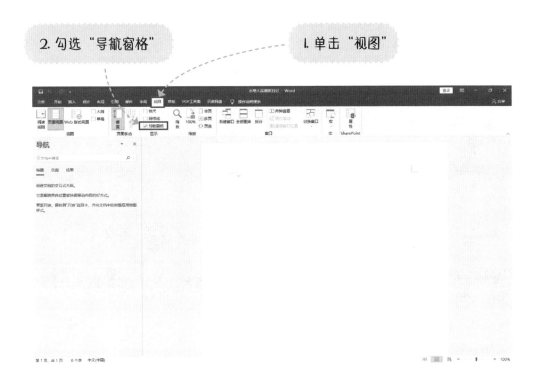

写科学观察日记，并设置样式

首先输入标题并设置样式，这样标题就出现在了导航窗格中。

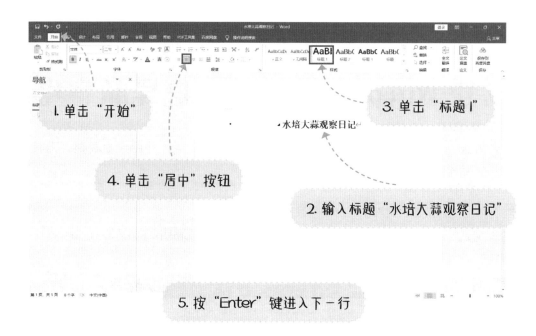

1. 单击"开始"

4. 单击"居中"按钮

3. 单击"标题1"

2. 输入标题"水培大蒜观察日记"

5. 按"Enter"键进入下一行

接下来输入日期和天气并设置样式。

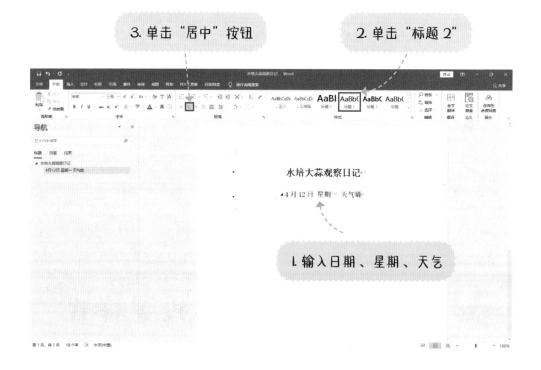

3. 单击"居中"按钮

2. 单击"标题2"

1. 输入日期、星期、天气

开始写日记前，起一个副标题，简单描述大蒜的成长状态。

开始写日记前，议定一个副标题，简单描述大蒜的生长状态。

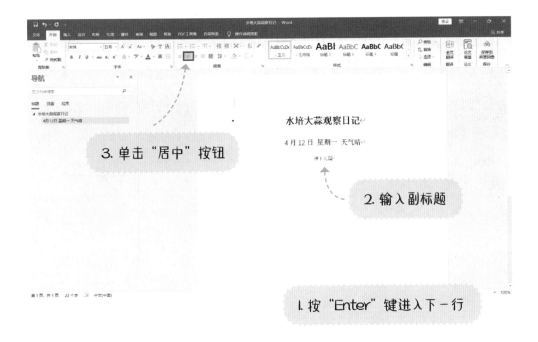

接下来将当天的观察情况用文字记录下来。

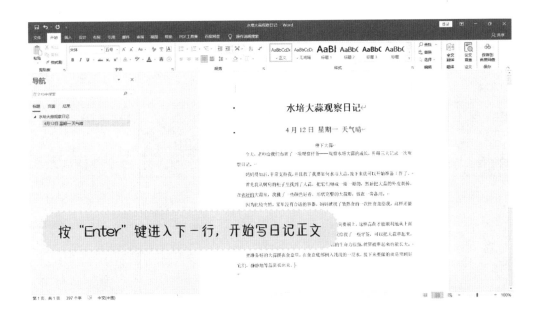

在日记中插入记录当日大蒜生长情况的图片。

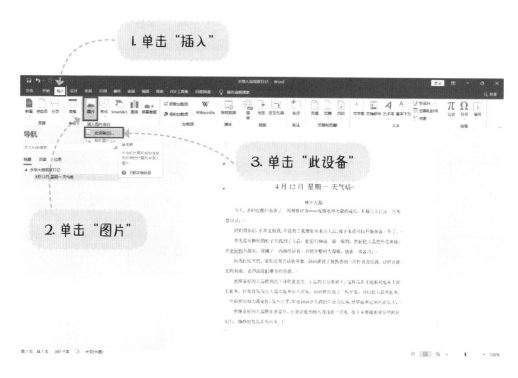

1. 单击"插入"

2. 单击"图片"

3. 单击"此设备"

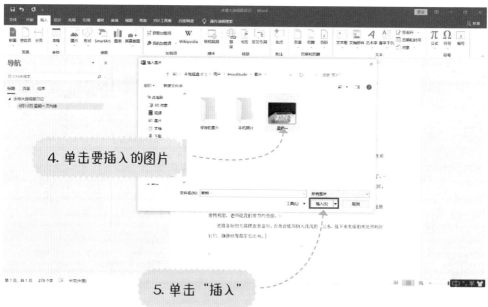

4. 单击要插入的图片

5. 单击"插入"

插入图片后，调整图片的位置，让日记格式更加整齐。

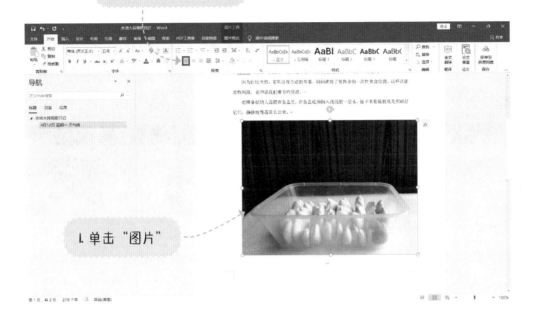

2. 单击"居中"按钮

1. 单击"图片"

玥玥知道水培大蒜科学观察要记录什么吗?

我知道! 要记录浇水情况、晒太阳情况、温度情况和大蒜的变化情况, 并且配上照片。

玥玥真棒! 通过这样的观察记录, 我们就能知道水分、阳光、温度对大蒜成长的影响, 从而更好地种植大蒜。小朋友, 你知道科学观察日记中还会记录什么吗?

第4步

检查日记字数够不够

写完第一天的日记后，用同样的方法完成之后的日记。

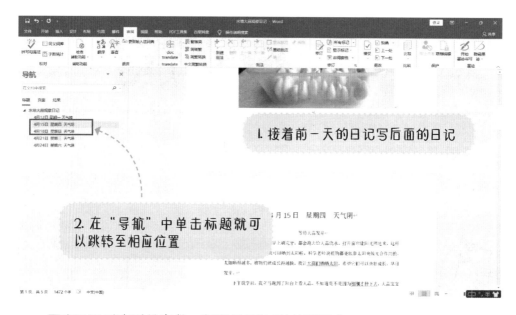

1. 接着前一天的日记写后面的日记

2. 在"导航"中单击标题就可以跳转至相应位置

写完日记后查看总字数，判断是否达到老师要求。

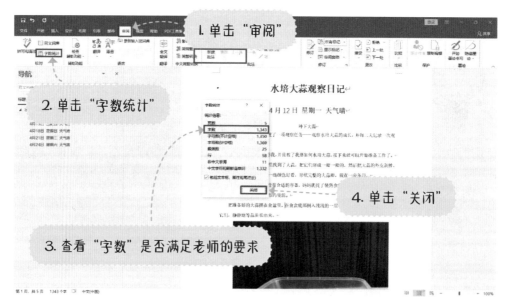

1. 单击"审阅"

2. 单击"字数统计"

3. 查看"字数"是否满足老师的要求

4. 单击"关闭"

如果老师要求的是每篇日记的字数，可以选择其中一天的日记内容，查看字数。

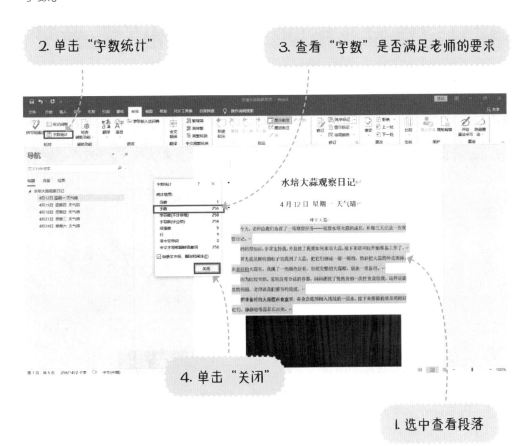

2. 单击"字数统计"

3. 查看"字数"是否满足老师的要求

4. 单击"关闭"

1. 选中查看段落

将日记给家长批阅，家长提出修改意见

家长通过批注的方式，提出日记的修改意见。

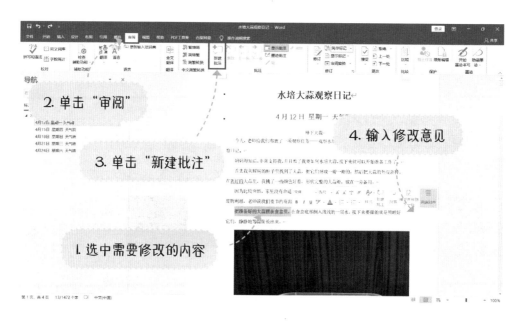

2. 单击"审阅"

3. 单击"新建批注"

4. 输入修改意见

1. 选中需要修改的内容

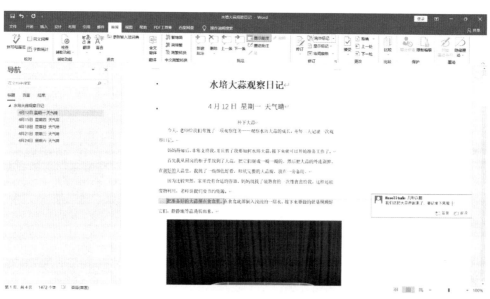

第6步

根据批注对日记进行修改

根据批注的意见，在修订模式下完善日记，保留修改痕迹。

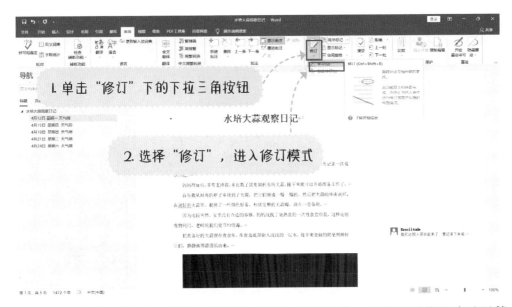

在修订模式下修改，段落左侧就会出现红色的线条，说明此时修改痕迹被隐藏了。

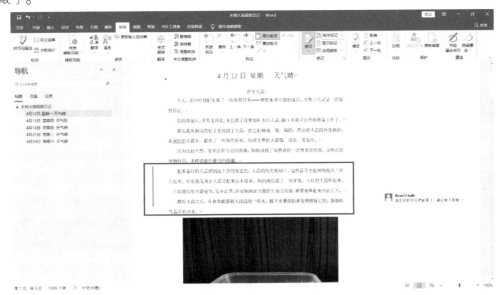

我们可以将修改痕迹显示出来，这样就能看到对日记进行了哪些修改。

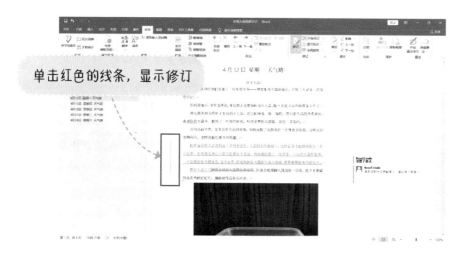

第 7 步

将日记文档导出为 PDF 格式

完成日记后将其导出为 PDF 文件，把 PDF 文件交给老师。

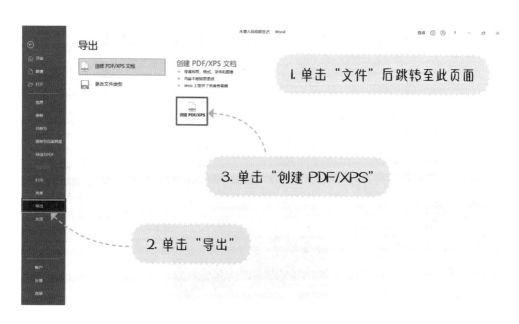

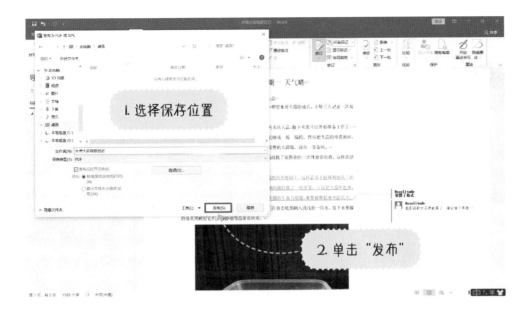

1. 选择保存位置

2. 单击"发布"

这样就制作完了科学观察日记，可以打开导出的 PDF 文件进行查看。

小咪老师，PDF格式的文件有什么特点吗？

PDF格式的文件不能进行修改，所以如果老师不要求显示修订，可以单击红线再次隐藏修订后，再将其导出。

知识拓展

小咪老师，这次任务我们用到的功能还有别的用法吗？

当然有啦，我们可以整理一个知识拓展笔记。

导航窗格

导航窗格显示了文档的标题大纲，即带有样式的内容，单击导航窗格中的标题，就能快速跳转到目标段落，是 Word 中非常实用的功能。要注意的是，正文中的标题如果没有设置样式，是不会在导航窗格中显示出来的；相反，正文中不是标题的内容设置了样式，会被 Word 认为是标题，而显示在导航窗格中，所以在设置标题样式时一定要准确。

字数统计

字数统计功能能够统计当前 Word 文档的所有字数，或者选中区域内的字数。在字数统计窗口中还有字符数（不计空格）、字数（计空格）、段落数、行等统计信息。在 Word 文档界面左下角的状态栏中也能看到字数统计信息。

批注和修订

添加批注可以在不影响正文的情况下提出修改意见，这样就不会让文档的格式看上去很杂乱。在修订模式下进行修改，可以保留修改前的痕迹，进而对比修改是否合理。

文档导出

文档导出是非常基本且重要的功能，因为 PDF 文件不允许修改，在完成一份文档的编辑后，将其导出为 PDF 格式的文件，会让文档更安全。

 玥玥，你学会怎么制作科学观察日记了吗？

学会啦，谢谢小咪老师！

 和爸爸妈妈一起制作一本关于水培胡萝卜的科学观察日记吧。

好的，小咪老师！

在父母的陪同下，在透明容器中水培胡萝卜，观察一周，直到养成一盆美美的胡萝卜盆栽。记录观察结果，在 Word 中完成科学观察日记。

成果评判

水培胡萝卜，观察胡萝卜的变化——需要加油哦

将观察结果记录下来并写成观察日记——还不错

将观察日记给父母批阅，根据父母的建议修改日记——就差一点点

完成一周的观察后，将科学观察日记导出为 PDF 文件——非常棒

图书在版编目（CIP）数据

儿童Office+Photoshop第一课. Word篇 / 王晓芬，李矛，高博编著；草涂社绘. —— 北京：电子工业出版社，2023.6
ISBN 978-7-121-45540-7

Ⅰ. ①儿… Ⅱ. ①王… ②李… ③高… ④草… Ⅲ. ①办公自动化 – 应用软件 – 儿童读物
②文字处理系统 – 儿童读物 Ⅳ. ①TP317.1-49②TP391.12-49

中国国家版本馆CIP数据核字（2023）第078806号

责任编辑：邢泽霖
印　　刷：中国电影出版社印刷厂
装　　订：中国电影出版社印刷厂
出版发行：电子工业出版社
　　　　　北京市海淀区万寿路173信箱　邮编：100036
开　　本：889×1194　1/16　　印张：32.5　字数：526千字
版　　次：2023年6月第1版
印　　次：2023年6月第1次印刷
定　　价：198.00元（全4册）

凡所购买电子工业出版社图书有缺损问题，请向购买书店调换。若书店售缺，请与本社发行部联系，联系及邮购电话：（010）88254888，88258888。
质量投诉请发邮件至zlts@phei.com.cn，盗版侵权举报请发邮件至dbqq@phei.com.cn。
本书咨询联系方式：（010）88254161转1860，jimeng@phei.com.cn。